QUELLEN UND FORSCHUNGEN

ZUR

SPRACH- UND CULTURGESCHICHTE

DER

GERMANISCHEN VÖLKER.

HERAUSGEGEBEN

VON

BERNHARD TEN BRINK, ERNST MARTIN,
WILHELM SCHERER.

XLII.
ZUR GRALSAGE.

STRASSBURG.
KARL J. TRÜBNER.

LONDON.
TRÜBNER & COMP.
1880.

ZUR GRALSAGE.

UNTERSUCHUNGEN

VON

ERNST MARTIN.

STRASSBURG.
VERLAG VON KARL J. TRÜBNER.

LONDON.
TRÜBNER & COMP.
1880.

Buchdruckerei von G. Otto in Darmstadt.

ELIAS STEINMEYER

FREUNDSCHAFTLICH ZUGEEIGNET.

I. WOLFRAM VON ESCHENBACH UND SEINE QUELLEN.

Das Interesse eines deutschen Forschers* an der Gralsage geht selbstverständlich von Wolframs Parzival und seinen Titurelliedern aus. Wolfram hat die Sage bei uns eingeführt; seine Auffassung beherrscht die Folgezeit. Aber wir dürfen seine Werke auch in der gesammten poetischen Litteratur über die Sage als den Höhepunct bezeichnen. Nirgends sonst finden wir diese sittlich hohe und zugleich menschlich fühlende Auffassung von den Gaben des Grals und den Pflichten, die er auferlegt; nirgends sonst dieses mannigfaltige und doch durchaus klare Bild vom Leben der Gralgemeinde und der Geschichte ihres Königsgeschlechtes.

Ist dieser Vorzug nun sein eigenes Verdienst; hat er die Züge, die sein Gemälde vor allen andern auszeichnen, selbst erfunden?

Wolfram selbst gibt bekanntlich auf diese Frage Antwort. Er beruft sich zu verschiedenen Malen auf einen Provenzalen Kyot, der französisch vom Gral erzählt habe. Er setzt am Schlusse des Parzival Kyots Werk dem des Crestien von Troies entgegen, welcher *disem mære unreht getân* habe. Wegen der Stellen, die hier in Betracht kommen, verweise ich auf die übersichtliche Zusammenstellung von M. Haupt, bei Belger, M. Haupt als academischer Lehrer S. 280.

Nun ist uns das Werk Kyots nicht erhalten, wohl aber der Perceval Crestiens; und ein Abdruck von Potvin, Mons 1866 fgg. setzt uns in den Stand dies Gedicht mit dem Wolframs zu vergleichen. Doch schon vor dem Erscheinen

* Zu Grunde liegt der folgenden Darstellung ein Vortrag, den ich auf der Philologenversammlung zu Trier 1879 gehalten habe.

dieses Abdrucks ist nach einer Berner Hs. diese Vergleichung angestellt worden von Rochat in Pfeiffers Germania 3,81—120. Es ergab sich, dass Wolfram vom III. bis ins XIII. Buch des Parzival nicht nur im Gang der Erzählung, sondern auch in zahlreichen Einzelheiten mit Crestien übereinstimmt. Rochat schloss daraus, dass Wolfram Crestiens Perceval benutzt habe, ja dass er ihn allein benutzt habe, dass seine Behauptung aus Kyot geschöpft zu haben, nichts als eine Täuschung sei.

Diese Ansicht hat mehrfach Beifall gefunden und es hat an Versuchen sie weiter auszuführen und zu stützen nicht gefehlt: ich erinnere an Simrocks Erläuterungen zu seiner Uebersetzung das Parzival und Titurel, 1861; an Zarncke in Paul und Braunes Beitr. 3, 304 fgg.; an Birch-Hirschfeld, die Sage vom Gral 243 fgg. Ebensowenig aber sind die Gegner dieser Ansicht ausgeblieben: San Marte in Pfeiffers Germania 3,445 fgg.; Bartsch Germanistische Studien 2,114 fgg.* Einen entscheidenden Abschluss hat die Untersuchung noch nicht gefunden; auch das, was ich bieten kann. darf nur als ein Beitrag zu ihrer Lösung bezeichnet werden.

Es kommt zunächst darauf an den Parzival Wolframs mit dem Perceval Crestiens zu vergleichen und die Differenzen, von welchen Rochat so gut wie ganz absah, zusammenzustellen. Dabei wird man sich jedoch nicht damit begnügen dürfen Wolframs Gedicht von Buch zu Buch mit dem Werke Crestiens zu vergleichen, eine Mühe, die der Leser unschwer und mit mehr Nutzen selbst übernimmt; es gilt das wirklich Wichtige und zu einem bestimmten Resultat führende herauszufinden und vorzuführen.

Welche Abweichungen von Crestien dürfen wir Wolframs eigener Zuthat zuschreiben? Und welche Abweichungen weisen hin auf Benutzung anderer Quellen, anderer Dichtungen über die Sage vom Gral und die damit zusammen hängenden? Für die Abweichungen der letzteren Art ist dann die weitere Frage zu stellen: hat Wolfram diese Dichtungen neben dem

---

* Diese und die kleineren Beiträge zu unserer Frage, letztere nicht ganz vollständig, stellt zusammen G. Bötticher, die Wolfram-Literatur seit Lachmann, Berlin 1880.

Perceval Crestiens benutzt oder hat er in einem französischen Gedicht das vereinigt gefunden, was Crestien und die anderen Quellen enthielten?

Gegen diese letztangeführte Annahme hat man eingewandt, dass damit Wolframs Dichterruhm überhaupt auf den von ihm 'übersetzten' Dichter überginge. Ganz mit Unrecht. Denn dieser Dichterruhm besteht auch dann, wenn Wolfram in allen Einzelheiten des Stoffes sich an ein Vorbild gehalten hätte; er beruht auf der Wärme und Tiefe der Auffassung, auf der künstlerischen Eigenthümlichkeit seiner Darstellung. Mehr dürfen wir ja auch Gottfried von Strassburg nicht nachrühmen und werden desshalb doch nicht aufhören ihn einen grossen Dichter zu nennen.

Mit den Eigenthümlichkeiten des Wolframschen Stiles haben sich neuerdings besonders jüngere Forscher viel beschäftigt. Mir scheint für Wolframs hohen Kunstverstand besonders bezeichnend, worauf L. Bock QF. 33 S. 11 hingewiesen hat, dass Wolfram Lessings Vorschrift 'alle Beschreibung in Handlung aufzulösen' regelmässig erfüllt. Damit stellt er sich den griechischen Epikern nahe; kein mittelalterlicher, vor allem kein romanischer Dichter bleibt ihm hier zur Seite.

Und noch ein anderes Beispiel möge gestattet sein, an welchem Wolframs dichterische Grösse in der Auffassung der Begebenheiten und ihrer psychologischen Motivirung anschaulich werden soll. Gerade diese Seite tritt bei erneutem Lesen immer wieder herzgewinnend entgegen und ihretwegen werden wir nicht anstehn Wolfram als Menschen neben die grossen Dichter unserer neueren Litteratur zu stellen, obschon wir nichts von ihm haben als seine Dichtwerke. Mein Beispiel entnehme ich dem Schlusse des VII. Buches. Gawan führt seine Gefangenen zu den Frauen. Meljanz muss sich der kleinen Obilot ergeben: sie aber gebietet ihm ihrer Schwester, seiner bisherigen Feindin, die Hand zu reichen. Er folgt ihrem Gebot: Obie, die bisher ihre Hand im Mantel zurück gehalten hat, ergreift den verwundeten Arm und nun, mit einem Mal, dringt all die Innigkeit ihres Gefühls hervor. Weinend küsst sie den Arm des Geliebten, ihre mädchenhafte

Sprödigkeit hat sich in die herzlichste Hingebung verwandelt. Das ist eine Scene, wie sie Paul Heyse darzustellen liebt; wozu er aber schon in altgermanischen Sagen, in der von Syritha, Vorbilder gefunden hat. Bei Crestien ist eine Versöhnung des besiegten Meljans nicht einmal erwähnt; die frühere Zurückweisung wird auch nicht aus der Sprödigkeit, sondern aus dem Wunsche des Mädchens abgeleitet ihren Geliebten sich kriegerisch auszeichnen zu sehn, wäre es auch auf Kosten ihrer Verwandten. Und da wol auch kein anderer altfranzösischer Dichter Ähnlisches bietet, so dürfen wir gewiss Wolfram die Erfindung dieser Scene zuschreiben.

Ebenso werden wir ein anderes Mittel die Erzählung auszuschmücken, als von unserem Dichter selbständig angewandt ansehn: die Einmischung von Eigennamen, wo ihm die Quelle nur allgemeine Bezeichnungen darbot. Solche Namen eigener Zuthat beeinträchtigen die treue Wiedergabe der Vorlage auf jeden Fall dann nicht, wenn sie nur gelegentlich die Erzählung durch Seitenblicke auf die den Dichter umgebende Gegenwart unterbrechen. Wolfram liebt diese Beziehungen einzuflechten, mehr als ein andrer mittelalterlicher Epiker; und wir können ihm für diese Neigung, die der deutschen Litteraturgeschichte des Mittelalters in so hohem Masse förderlich gewesen ist, nur dankbar sein. Auch hierfür genügt ein Hinweis auf die Zusammenstellung Haupts bei Belger S. 275.

Wol aber lassen sich als Erweiterungen des dichterischen Stoffes solche Eigennamen ansehn, die in die Erzählung selbst neue Personen, Völker, Länder einführen. Und solche Eigennamen hat allerdings Wolfram auch nachweislich seiner Vorlage hinzugefügt. Ich meine die Völkernamen auf *-jente* und die davon abgeleiteten Adjectiva auf *-jentesîn: Agatyrsjente, Atropfagente, Neurjente, Nomadjentesîn, Orastegentesîn, Trogodjentesîn.* Hier liegen deutlich antike Völkernamen zu Grunde: *Agathyrsi, Anthropophagi, Neuri, Nomadae, Orestae, Troglodytae.* Aber die von Wolfram gebrauchten Formen weisen noch bestimmter auf eine lateinische Quelle hin. Denn wenn Bartsch a. a. O. 2,155 *Nomadjentesîn* einfach auf *Nomadiensis* zurückführen will, so bleibt die lautliche Entwickelung unerklärt. Vielmehr liegt deutlich in den Völkernamen auf *-jente* das lateinische *gens* zu Grunde; in den Adjectiva auf *-gentesîn* ist der Plural *gentes* mit dem adjectivbildenden *-în* versehn. Also *Nomadjentesîn* ist = *Nomadae gentes* + *în*. *g* oder das gleichbedeutende *j* weist auf lateinische Grundform; aus französischer Vorlage würde *schent* geflossen sein, wie aus 658,27 ersichtlich ist.

Nun lässt sich weiter zeigen dass diese und andre Eigennamen aus einer ganz bestimmten lateinischen Quelle stammen, aus Solins Polyhistor. Dies Buch ist um 1200 sehr viel benutzt worden und selbst die heutigen populären Kenntnisse und Anschauungen von Naturkunde, besonders Zoologie sind grossentheils daraus geflossen. Aus Solin hat Wolfram vor allem entnommen die im Verzeichniss der von Feirefiz besiegten Könige (770) genannten Personen- und Völkernamen. Von den 59 Namen, welche in diesen 30 Zeilen vorkommen, lassen sich die folgenden mit Sicherheit bei Solin wiederfinden: V. 1. *Papirîs* = *Papirius* Sol. 1,70; *Trogodjente* = *Troglodytae populi* 28,1 uö. 3. *Affricke* = *Africa* ö. 4. *Liddamus* = *Lygdamis* 1,74; *Agrippe* = *Agrippae* 1,65; 5. *Tinodonte* = *Tenedos* 2,1; 6. *Amaspartîns* = *Arimaspi* 15,20 uö.? 7. *Lippidîns* = *Lepidus* 1,49? 8. *Milôn* = *Milo* 1,70; *Nomadjentesîn* = *Nomades populi* 15,14 uö. 9. *Gabarîns* = *Gabbaras* 1,89; 10. *Rivigitas* = *Riphaeum jugum* 15,20? *Translapîns* = *Transalpina Gallia* 1,84; 11. *Hiberborticôn* = *Hyperborei populi* 16,1; *Tilones* = *Thilonides* 1,92? 12. *Centriûn* = *Centauri* 8,3; *Killicrates* = *Callicrates* 1,100; 13. *Lysander* = *L.* 1,118; *Ipopotiticôn* = *Hippopodes populi* 19,7; 14. *Tiridê* = *Tirida oppidum* 10,9; 15. *Orastegentesîn* = *Orestae populi* 9,4; *Thôaris* = *Thoranius* 1,84—85? 16. *Satarchjonte* = *Satarchae* 15,14 uö. 17. *Amincas* = *Amyntas* 9,19; *Sotofeititôn* = *Lotophagi* 27,43? 19. *Arâbîe* = *Arabia* 33,1 uö. *Zarôastêr* = *Zaroastres* 1,72 uö. 20. *Possizonjus* = *Posidonius* 1,121 uö. *Thilêr* = *Thyle* 22,11 uö. oder *Tylos Indiae insula* 52,49? 21. *Narjoclîn* = *Naricli* 48,1; 22. *Edisôn* = *Essedones* 15,13 uö.? 24. *Atropfagente* = *Anthropophagi populi* 15,4; *Meiones* = *Maeonia* 40,14? 25. *Nourjente* = *Neuri populi* 15,1 fgg. 26. *Pamfatis*

= *Pamphagi* 30,7; *Astor* = *Aster* 8,5; 28. *Gamphassâsche* = *Gamphasantes populi* 31,5; 29. *Blemunzîn* = *Blemmyae populi* 31,5; *Amantasîn* = *Amantes populi* 28,1.

Ich zähle 31 sichere, 8 wahrscheinliche Entlehnungen. Das ist gewiss um so bedeutsamer, als in dem anderen Verzeichnis (772) von 46 Namen kein einziger auf Solin zurückführt. Hier handelt es sich um Parzivals Siege und es erscheinen Helden und Länder des Westens, Namen, die grossenteils französisch oder doch romanisch klingen. Mehrere dieser Namen sind überdies in der Erzählung schon vorgekommen.

Auch abgesehn von Abschnitt 770 hat Wolfram Solins Polyhistor als Namenverzeichnis benutzt; und allerdings ganz besonders da, wo es sich um Feirefiz handelt. Vor allem seine Geliebte *Secundille* 519,3 740,10 uö. wird ihren Namen von der bei Solin 1,88 genannten haben. Aber auch *Olympîe* könnte auf die von Solin 9,20 erwähnte *Olympias*, die Mutter Alexanders d. G. zurückzuführen sein; vielleicht selbst *Clauditte* 771,17 811,11 auf die bei Solin 1,126 angeführte *Claudia*. Das Land *Tribalibôt* 326,22 uö. und die Stadt *Tabronît* 311,30 uö. erinnern deutlich an *Palibotra* Solin 52,12 und *Taprobane* 53,1. Der Fürst Belacanens *Prôthizilâs* 27,24 könnte aus Solin 10,22 stammen. Ob man *Azagouc* mit den äthiopischen *Azachaei* Solin 30,4 zusammenbringen darf? Für *Zazamanc* böten sich dann freilich nur die *Garamantes*, die höchstens vermittelst einer bedenklichen Annahme von Textverderbnissen mit jenem Namen in nähere Uebereinstimmung gebracht werden könnten.

Doch um auch sonstige Namensverwandte nicht zu übergehn, so finden sich gegenüber von Wolframs *Pictagoras* 773,25 *Pythagoras* bei Solin 1,39; von *Pompejus* 14,4 der des Solin z. B. 38,9; von *Antanor* 152,23 *Antenor* Solin 2,10; von *Agatyrsjente* 687,12 *Agathyrsi* 15,3; von *Seres* 629,18 die *Seres* Solin 15,4; von *Acratôn*, einer weitausgedehnten Stadt 399,17, *Acrothon oppidum* 11,34, das freilich als auf der Höhe des Athos gelegen und keineswegs so umfangreich geschildert wird. Das Land *Agremuntîn* entspricht vielleicht dem Berg im Süden von Aethiopien Solin 30,6. 15; die darin hausenden Drachen wären dann die Salamander Wolframs. Doch mögen hier wie für die bei Amfortas angewandten Heilmittel 481,8, für die öfters erklärten Sternnamen 782 und die Edelsteine des Feirefiz 791 noch andere gelehrte Quellen benutzt sein. So hat Wolfram aus des Honorius von Augustodunum Imago mundi l. I. cap. XIV. *Persida... in hac primum orta est ars magica* seine Notiz 657,28 *ein stat heizet Persidâ dâ êrste zouber wart erdâht.* Dagegen gewährte ihm für die Erweichung des Diamanthelms durch Bocksblut 105,18 fgg. wieder Solin 52,59 die nöthige Kunde.

Agremuntîn nennt Wolfram bei Gelegenheit der wunderbaren Turnierfahrt Trevrizents 496 fgg. Die von 498,21 ab erscheinenden Namen hat Haupt bekanntlich in Steiermark nachgewiesen. Er lehnte den 'wolfeilen Einfall' ab, dass diese Namen erst von Wolfram aufgenommen worden seien; und gewiss ist eine Sicherheit dafür nicht vorhanden. Denn wenn Bartsch daran erinnert dass Wolframs Freund Walther von der Vogelweide in diesen Gegenden bekannt war und ihm diese Namen mittheilen konnte, so ist ebenso die Möglichkeit vorhanden dass ein französischer Dichter, auf der Kreuzfahrt etwa, hier durch kommen konnte, so gut wie Richard Löwenherz bei seiner Rückkehr vom heiligen Lande.

Und in noch höherem Grade gilt dieser Zweifel für andere Namen, die man mit grosser Zuversicht als erst von Wolfram aufgenommen bezeichnet hat. Es sind dies die deutschen Namen in der Vorgeschichte, im I. Buch: *Isenhart, Vridebrant, Hernant, Herlinde.* Mit Recht ist schon von anderer Seite bemerkt worden dass deutsche Namen in der französischen Epik gar nichts seltenes sind: man braucht ja nur an K. Horn zu denken, wo sogar Hildebrant und Herebrant auftreten: Z. f. d. A. 12,262 oder an Gormond und Isembart. Und während jene deutschen Namen fast nur vorübergehend erwähnt werden, treten in enger Verbindung mit ihnen andere, romanische oder doch fremde Namen mehr in den Vordergrund: *Tankanis* der Vater Isenharts *(d'Ancenis? Ancenis* Stadt in der Bretagne), *Gaschier von der Normandîe, Kaylet von Hoskurast* ua. Höchstens darf man also für wahrscheinlich halten dass Wolfram die deutschen Namen ebenso wie jene aus Solin entnommenen eingemischt hat um einige Statistenrollen zu besetzen; während der fremde Ursprung des Kerns der Sage einem Zweifel deshalb nicht unterliegt.

Der fremde, romanische Ursprung der Namen ist bei einigen durch ihre Bedeutung klar genug angezeigt. So z. B. 87,23 bei *Pansâmûrs* und *Bêâflûrs* als Namen eines Elternpaares. Auf die Deutung dieser und ähnlicher Namen ist San Marte Germania 2,385 fgg. und besonders Bartsch a. a. O. näher eingegangen. Allein mit überzeugenden Gründen hat sich G. Paris Romania 4,148 gegen eine Reihe dieser Deutungen ausgesprochen. Gerade die wichtigsten dieser Namen bleiben wahre Räthsel. So kann *Kondwîrâmûrs* freilich, wenn es aus *conduire amour* zusammengesetzt ist, keineswegs als eine wirklich romanische Namenbildung angesehn werden. Aber dass Wolfram selbst den Namen so verstand, geht doch wol aus 495,22 hervor, wo Trevrizent von seiner ehemaligen Geliebten sagt: *ir minne condwierte mir freude în daz herze mîn.** Gerade dass Wolfram einen fremden, unverständlichen Namen sich so zurecht legte, lässt annehmen dass er ihn nicht erfunden hat.

Um solche Namen zu erfinden, hätte er auch — worauf bereits mehrfach hingedeutet worden ist — das Französische besser verstehn müssen. Es begegnen ihm wie Hartmann und anderen mhd. Dichtern starke Misverständnisse gerade in Bezug auf Eigennamen. Er verwechselt die Fee *Morgain* und ihr Land *Terre de joie*, so dass er von einem Lande** *Feimurgân* oder *Fâmurgân* 56,18 uö. und von einer Fee *Terdelaschoye* spricht. Er macht aus *gaste foriest soutaine* eine *waste in Soltâne* 117,9 (s. Potvin 2, S. 44). Und öfter verstümmelt er fremde, seltsame Namen so dass sie bekannteren gleich werden: *Escavallon* bei Crestien 6694 uö. wird

* Vgl. auch den Ritternamen *Guiamors* in der frz. Prosa von Lancelot, bei Jonckbloet 2, LXXI.

** Oder ist etwa anzunehmen dass Wolfram oder seine Quelle von der Landschaft Glamorgan in Süd-Wales gehört hatten und dadurch zu der obigen Namenverwechslung verführt wurden?

ihm zu *Ascalûn* 321,19.* Andere erhalten wenigstens eine Umformung, die ein Errathen des Ursprünglichen sehr erschweren würde: wenn Wolfram z. B. aus dem *Guingambresil* Crestiens (ein Name der an die Stadt Guingamp in der Bretagne erinnert) einen *Kingrimursel* macht, oder aus *d'Estregales,* 'Aussenwales', *Destrigleiz,* wie schon Hartmann *Destregales.*

Eine Classe von Namen lässt sich immerhin noch mit einer gewissen Sicherheit auf ihre ursprüngliche Bestimmung zurückführen: die geographischen Namen, die Orts-, Länder- und Völkernamen, bei denen oft Nebenangaben darüber nicht im Zweifel lassen, was gemeint ist. Obschon bereits andere, besonders Bartsch a. a. O. diese geographischen Namen aufgezählt haben, so fasse ich sie doch noch einmal zusammen, theils damit sie ihrer Vereinigung der hieraus zu entnehmende Schluss um so mehr einleuchte, theils weil ich wenigstens einige neu bestimmen zu können glaube. Ich gebe die einzelnen Belegstellen nicht an, da sie im Mhd. Wb. unschwer aufzufinden sind, wol aber bezeichne ich die Uebereinstimmung mit Crestien in jedem einzelnen Falle und schliesse die Namen, welche nicht in die Erzählung eingemischt, sondern vom Dichter nur in gelegentlichen, meist persönlichen und scherzhaften Anspielungen verwendet werden, in Klammern ein.

Zu diesen letzteren gehören natürlich hauptsächlich die deutschen Namen, die ich mit denen des Ostens und Nordens zusammen voran stelle. *(Abenberc), Aglei, Alemâne, Antwerp, (Beier), Brâbant, (Dürngen, Erffurter, Eschenbach), Frîûl, Gandîne, Gent, Greiân, Gylstram, Hânouwe, (Heitstein, Hiunen, Kölne, Lechvelt, Mâstrieht, Nibelunge, Ouwe, Regenspurger, Rîn, Rîspach), Rôhas, Spehteshart, Stîre, (Swarzwalt), Tenemarke, (Tolenstein), Trâ, (Trühendinger, Ungers, Veldeke, Wertheim, Wildenberc, Wormz), Zilje.*

In Frankreich (abgesehn noch von der Bretagne) lassen sich folgende geographische Namen wiederfinden: *Anschouwe,*

---

* Dieselbe Namensform ist, natürlich unabhängig von Wolfram, eingetreten in den frz Prosadrucken von Lancelot. Auch der König Ascalon im Iwein bei Hartmann 2274 scheint einer Verwechslung seine Namensform zu verdanken.

Arraz, Averre [91,23; wol nicht die Auvergne, die nie ein Königreich für sich bildete, auch *Alverne* genannt sein würde, wie die Krone 5698 zeigt, sondern Navarra, mit Aphärese des *N* wie in *Oriman.* Galoes, der für die Königin von Averre stirbt, fällt vor Muntori, das in der Umgebung von Navarra liegt s. u.], *Bêâlzenân [houbetstat ze Anschouwe* 261,21. 746,9. Ob Beaugé dep. Maine et Loire, gemeint ist, woran schon San Marte Germania 2,407 gedacht hat? Oder Beaugency, dep. Loiret? Letzteres liegt allerdings nicht mehr in Anjou selbst; aber es ist bedeutender, als jenes, stand im 12. Jahrhundert unter eigenen Herren; und hier wurde die Ehe zwischen Eleonore und Ludwig von Frankreich aufgehoben], *Bêâveys, Beuframunde* [Tit. 180: Beauffremont, arrond. Neufchateau, dep. Vosges], *Burgunjoys, Franze, Franzois, Gascâne, Gascôn, Gôwerzîn, Grâharz?* [Nach Tit. 84 war Schionatulander, der *talfîn ûz Grâswaldâne,* ein *Grâharzois.* Kann Greierz in der romanischen Schweiz gemeint sein?] *Grâswaldâne, Kärlinge, Lunel, Muntôrî* [80,29 = Montori, B. Pyrénées], *Nantes, Nâvers, Normandîe, Oriman, Pârîs, Poytouwe, Provenz, Provenzâle, Rôems, Schampân, Schampôneys, Sessûn, Troys, Vermendoys, Wîzsant.*

In Spanien und Portugal: *Arragûn, Dôlet, Galiciân, Hoskurast? Katelangen, Portegâl, Sibilje, Spâne, Spanôl, Vedrûn.*

In Italien und Sicilien: *Câps, Kalot enbolot, Nâpels, Rôme, Sicilje, Terre de Lâbûr.*

Im Orient: *Affricâ, Alexandrîe, Angram, Asiâ, Babilôn* 14,3 uö. [Gemeint ist wol das agyptische = Misr bei Kairo, da der Baruc von Baldac im Krieg gegen Babilon Alexandria belagert 18,14. Zu Grunde liegen vielleicht die Kämpfe nach 1160, in denen K. Amalrich von Jerusalem mit dem Sultan von Aegypten verbündet Saladin in Alexandria belagerte (Wilken, Kreuzzüge 3,2, 108 fgg.), während Gahmuret allerdings umgekehrt im Dienst des Kalifen von Bagdad steht], *Baldac, Dâmasc, Eufrâtes, Ganjas, Hâlap, Indyâ, Jeroplis, Kartâgo, Kaukasas, Kriechen, Marroch, Ninivê, Persiâ, Ranculat, Sarrazîn, Sûrîn, Tigris.*

Aus der antiken Sage stammen, abgesehen von den

bereits oben als aus Solin entlehnt angeführten, folgende geographische Namen: *(Flegetôn, Laurente, Troyœre)*; aus der kirchlichen: *Fisôn* und *Gêôn* als Paradiesesflüsse, *(Poncia* als Heimat des Pilatus). In den Orient werden, wie besonders aus ihrer Anführung als Herkunftsorte für kostbare Stoffe hervorgeht, noch verlegt: *Cynidunte, Ecidemonis, Ethnîse, Pâtelamunt, Pelpîunte, Thasmê, Thopedissimonte, Trîande.* Ebenso sollen wol orientalisch sein die Länder, welche bei Gelegenheit der Siege des Feirefiz aufgeführt wurden: *Assigarzîonte, Duscontemedôn, Elixodjôn, Janfûse, Kalomidente [Kalamata* in Achaja, wo später eine Castellanei des Deutschen Ordens? s. Kronik von Pruzinlant hrsg. v. Strehlke, S. 19 Anm. Z. 5], *Lanzesardîn, Schipelpjonte.* Sie klingen z. B. wie aus antiken Quellen entlehnt; ebenso *Gaurîuon* 496,6.

Kehren wir nach dem Nordwesten zurück, auf den eigentlichen Schauplatz der bretonischen Sage, nach Wales und der Bretagne. Der letzteren fällt sicher zu der Wald *Brizljân* 129.6, worin das Jagdhaus *Karminal* 206,9 liegen soll, ferner *Lohneis* [Riwalins Reich, die Umgebung der jetzigen Stadt *S. Pol de Léon.*] In England begegnet *Bertâne, Curnewâls, Destrigleis [= d'Estrigales], Kâreis* 457,14 *[= Caerwys* bei *Denbigh?], Karidœl [Carlisle:* s. meine Einl. zu Fergus S. XIX; mit *Caerleon* darf es natürlich nicht verwechselt werden], *Karnant* [j. *Garnant* in Südwales], *Kukûmerlant* [Cumberland], *Lôgroys* [Crestiens *Logres,* als Name von England = wallisisch *Llœgr*], *Lunders, Norgâls, Plymizœl* [der Fluss *Plym,* der bei *Plymouth* zugleich mit der Tamer, dem Grenzflusse von Cornwall ins Meer fliesst], *Punt, Punturteys* [= *Pontardulais* bei *Swansea?*] *Rîl* [= Rhyl zwischen Chester und Conway], *Riviers* [gewiss das englische Geschlecht dieses Namens, das bei Plymouth angesessen war und aus Shakespeare Richard III. bekannt ist; ähnlich mag es mit *Clitiers* stehen], *Rosche Sabbîns* und *Sabbîns* [Crestien: *Sanguins;* gemeint wol der *Severn,* welcher in der Prosa von *Lancelot* genannt wird: *la Saverne* bei Jonckbloet 2, LII], *Schamilôt* [afr. *Camaalot,* vielleicht *Camelford* in Cornwall, wo in der Nähe *Tintagell Head* liegt, mit der Ruine eines Schlosses das nach der Tristansage Residenz Markes, nach andern Quellen die des K. Artus gewesen sein soll], *Sinzester* [Cirincester?], *Wâls, Wâleis.* Ferner *Schotten, Yrlant, Yrschman.* Weiterhin im Norden: *Norwæge* und *Gruonlant.* Den Namen des *Regnum Insularum* (der Inseln zwischen Schottland und Irland) trägt in sich Wolframs K. *Brandelidelîn,* offenbar eine verderbte Form für den afr. Namen *Brandiz des Isles.*

Ausserdem wird man am ersten in Wales oder dessen Umgebung zu suchen haben: *Bahtarliez, Barbigœl, houbetstat von Lîs, Bems bî der Korcâ, Berbester, Brandigân* [vgl. Erec], *Brôbarz, Brumbâne* [ein See; vgl. den Personennamen *Brumbam* bei San Marte zu Galfrid von Monmouth S. 272], *Dîanazdrûn* [Cr. *Dinaderon; Tinas* oft in Namen von Bergen; vgl. auch *Castel Dinas Bran* in Denbighshire, ein fester Sitz der wallisischen Fürsten], *Gahevieȥ, Gippones, Gors* [vgl. das Reich *Corque* in Crestiens Erec 1953], *Ipotente, Iserterre, Jâmor, Joflanze, Kahetî, Kanedic [Quenedic* in Crestiens Erec 1710], *Kanvoleis, Karcobrâ [dâ sich sêwet der Plimizœl in dem bistuom ze Barbigœl* 497,9], *Kingrivâls, Lêôplâne* [bei *Kanvoleis], Löver* [Land des K. Artus], *(Monte Rybêle), Nônel, Patrigalt, Poynzaclins* [mit dem *Sabbîns* zugleich ins Meer fliessend 681,8], *Prienlascors, Prûrîn, Schamphanzûn, Tulmein* [vgl. Erec], *Ukerlant, Ukersê.*

Hier mögen auch einige Namen angereiht werden, die offenbar aus Appellativen hervorgegangen sind: *Âv' estroit mâvoiê* [521,28: nicht genau zu Crestien stimmend, welcher 10016 *de la roce en l'estroite voie* bietet], *Bêâfontâne, Bêârosche, zer muntâne Clûse, Fontâne la salvâtsche, li gweiz prelljûs* (Cr. *gué perilleus) Lœhtamrîs, Lœprisîn, Lalander* [Crestien: *la Lande], Munsalvesche, Muntâne, Pelrapeire* [Crestien *Biaurepeire], Salvâsche ah Muntâne, Salvâsch flôrîe, Schastel marveile, Terre marveile, Terre de Salvœsche, Soltâne* [ein Missverständniss s. o. S. 8], *Ultrelec.*

Ganz unbestimmbar, aber wie schon bemerkt, romanischen Klanges sind die meisten Ländernamen, die in der Aufzählung von Parzivals Siegen 772 vorkommen, z. B. auch schon an früheren Stellen: *Avendroyn, Itolac, Lampregûn, Laudundrehte, Leterbe, Lirivoyn, Lorneparz, Mirnetalle, Pictacôn, Pleyedunze,*

Pranzîle, Privegarz [sonst *Brevigariez], Redunzehte, Rozokarz, Semblidac, Sirnegunz, Tripparûn, Tutelêunz* [wenn dies nicht *Tudela* am oberen Ebro ist, wo die Könige von Navarra Hof hielten], *Villegarunz, Zambrôn.*

Unter dieser Masse von geographischen Namen überwiegen doch immer noch diejenigen, bei welchen wir nachweisen können, dass Wolfram sich an überlieferte Namen hielt, wobei es uns gleichgültig sein kann, ob er sie aus historischen oder für historisch gehaltenen romanhaften Quellen entnahm. Oft hat sich, wie z. B. bei *Ranculat, Kalot enbolot* u. a. ganz überraschend die Treue Wolframs bestätigt. Müssen wir daraus nicht den Schluss ziehen, dass er auch die übrigen, für uns bis jetzt nicht bestimmbaren geographischen Namen nicht erfunden, sondern irgendwo vorgefunden hat?

Bei den Personennamen des Parzival und Titural ist ein derartiger Vergleich mit historischen Quellen nicht möglich: wir könnten sie nur mit den übrigen romanhaften Ueberlieferungen zusammenstellen. Etwas sicheres über ihre ursprüngliche Bedeutung und ihr Vorkommen in der verbreiteten Sage ergibt sich nur selten. Aber es ist schon ein beachtenswerthes Zeugnis dafür, dass Wolfram auch hier nicht auf Grund eigener Erfindung von Crestien abweicht, wenn wir die von Wolfram, aber nicht von Crestien gebrauchten Namen in anderen Quellen wiederfinden. Dies ist mehrmals der Fall in dem Namensverzeichnis der Ritter der Tafelrunde, welches Hartmann im Erec 1629 ff. darbietet, auf Grund von Crestiens Erec, aber doch mehrfach, wenigstens von dem gedruckten Texte dieses Gedichts abweichend. Das Nähere findet man in Haupts Anmerkungen zusammengestellt. Ich beschränke mich auf zwei Beispiele: 1650 und 1651 erscheinen *Garel* und *Titurel.* Wie kommt Hartmann dazu diese Namen anzuführen, wenn sie nicht in der Sage berühmt waren? Und nach welcher anderen Sage werden wir für Titurel suchen, da wir ihn in der Gralsage so bedeutend finden?

Der andere Name hat überdies ein besonderes Interesse durch die Art, wie er bei Wolfram angeführt wird. 583,12 in einem Vergleich zwischen den berühmtesten Heldenthaten und der Erwerbung von Schastelmarveil durch Gawan erinnert der Dichter kurz daran, wie König Garel zu Nantes den Löwen vom Palas warf und wie er das Messer in der Marmorsäule holte. Soll nun Wolfram auch diese Thaten Garels erfunden haben? Und wie sonderbar wäre es, wenn er diese erfundenen Anspielungen unter solche gemischt hätte, deren Richtigkeit wir vollkommen bestätigen können, unter die Anspielungen auf Hartmanns Erec und Iwein, auf Thaten Lanzelots, welche zwar nicht bei Ulrich von Zazikhoven vorkommen, wol aber in den altfranzösischen Romanen.

Noch ein Beispiel solcher Anspielungen, deren Richtigkeit wir allerdings nicht nachweisen können, welche aber als erfunden zu bezeichnen wir nicht im mindesten berechtigt sind. 178,15 erzählt Gurnemanz von seinem dritten Sohne Gurzgri, dem Ehkunaht seine Schwester Mahaute gegeben und der dann zu Brandigan von Mabonagrin wegen Schoydelakurt erschlagen worden sei. Die zuletzt angeführten drei Namen kommen im Erec vor; und man könnte sich denken, dass Wolfram, welcher Gurnemanz eine Klage um seine gefallenen Söhne in den Mund legen wollte, einen von ihnen in der durch den Erec berühmt gewordenen Gefahr umkommen liess. Aber wozu dann noch die Erfindung der Mahaute, des Ehkunaht? Ehkunaht, der vielleicht im Erec 1669 als *Equinot* erscheint, kommt auch sonst im Parzival und Titurel vor: hier, Str. 42, mit genauerer Bezeichnung als *phalenzgrâve von Berbester*, nach Str. 151 als *duc E. de Salvâschflôrîen*, den Claudie von Canadic erwählt hat. Nach Parz. 413,15 hat er den Vater Vergulahts erschlagen, als er den bei *Gâwân* gefangenen *Jofreyt fîz Ydoel* nach Barbigoel führte. Alles dies kommt so gelegentlich vor, ohne irgend welche Bedeutung für den Zusammenhang der von Wolfram erzählten Hauptbegebenheit. Man kann sich wol denken, dass ein Dichter für seinen Helden eine Ahnenreihe erfindet, oder eine Anzahl von Siegen ihm andichtet; aber Einzelheiten, die für diesen gleichgültig sind, wird er eher wegzulassen als neueinzumischen suchen. Sonst zerstört er sich muthwillig die Theilnahme an der Hauptperson, und bringt in die Erzählung eine leicht verwirrende Unübersichtlichkeit.

Mehrere Anspielungen Wolframs bleiben überhaupt für uns unverständlich. So 270,20 die Erwähnung eines Kampfes, den Lämbekin bestanden haben soll. Seinen Zuhörern aber durfte der Dichter keine Räthsel aufgeben: ihnen musste die angezogene Begebenheit wol bekannt sein.

Noch andere Stellen lassen annehmen, dass Wolfram mehrere und von einander abweichende Darstellungen zu vereinigen suchte. Denn welcher andere Grund konnte ihn veranlassen, im VII Buch Gawan zwei verschiedene Rosse reiten zu lassen: *Inglîart* und *Gringuljete*. Er reitet, wie sonst, das letztere 339,29; aber im Kampfe hören wir auf einmal, dass das erstere ihm von Parzival genommen ist 389,26 und ebenso 398,14. Vermuthlich fand der Dichter in der einen Quelle *Gringuljete,* in der anderen *Inglîart* angeführt, und suchte auf die angegebene Weise beide Nachrichten mit einander zu vereinigen. Dass dabei zwei französische Appellativa zu Grunde liegen, *gringalet* und *un cheval liard,* welche beide sich möglicher Weise auf dasselbe Pferd bezogen, verschlägt für Wolframs Verhältnis zu Crestien Nichts, da dieser das letztere Appellativum an unsrer Stelle nicht gebraucht.

Bisher war von dem die Rede, was Wolfram mehr bietet als Crestien und was bei oberflächlicher Betrachtung sich als Zuthat auffassen liesse. Aber es fehlte auch nicht an solchen Abweichungen, bei denen Wolfram das, was sich bei Crestien findet, geradezu aufgegeben haben müsste, wenn er nur diese Quelle benutzt hätte. Derartige Fälle sind Namen wie *Kondwîrâmûr* anstatt *Blancheflour, Urjâns* anstatt *Griogoras* u. a. Auch einzelne Verhältnisse sind anders gefasst: *Gaherjet* wird von Wolfram 673;2 *Gâwâns muomen suon* genannt, nach Crestien 9511 (Var.) ist er sein Bruder. Wie lässt sich das mit dem sonstigen nahen Verhältnisse zwischen Wolfram und Crestien vereinigen? Schwerlich anders als durch die Annahme anderer Quellen, die Wolfram neben Crestien benutzte.

Doch es ist nicht möglich und nicht nöthig, diese Betrachtung bis ins Einzelne fortzuführen. Blicken wir nur noch auf die zwei umfänglichsten Bestandtheile, welche Wolfram seiner Quelle, wenn diese Crestiens Werk wäre, hinzugefügt haben müsste: den Anfang des Parzival (Buch I. II) und den Schluss (XIV—XVI).

Für den Anfang schien sich sogar ein äusseres Zeugnis dafür zu bieten, dass sein Inhalt nicht von Wolfram erfunden ist. Liebrecht hat in einer Notiz, welche er in seinem Buche Zur Volkskunde S. 480 wiederholt, darauf hingewiesen, dass in Cornwall ein Märchen die Geschichte von Gahmuret wiederzugeben scheint. Stünde diese Uebereinstimmung fest, so müsste man gewiss annehmen, dass bereits die Quelle Wolframs aus der cornischen Volksüberlieferung geschöpft hätte. Aber die Uebereinstimmung beschränkt sich allerdings auf so allgemeine Züge, dass ein bestimmter Schluss darauf nicht gebaut werden kann.

Nicht zu übersehen ist dagegen die Berührung der Vorgeschichte Wolframs mit der Einleitung, welche in einer Hs. vorn an Crestiens Werk angetreten ist und bei Potvin als V. 1—1282 abgedruckt vorliegt. Während Crestien berichtet 1607 ff. dass Percevals Vater an Wunden siechend sich in die Einsamkeit zurückgezogen habe, dass seine beiden ältesten Söhne im Kampfe gefallen seien, lässt jene Einleitung 645 ff. den Vater, hier *Bliocadrans* genannt, im Turnier fallen, Perceval selbst aber als seinen einzigen Sohn nach seiner Abreise geboren sein, worauf sich die trauernde Mutter in die Einsamkeit begibt. Das stimmt also zu Wolframs Erzählung im II. Buch; nur dass diese wahrscheinlich auch erst später gedichtete Einleitung nicht die Quelle selbst sein kann, aus der Wolfram schöpfte, sondern nur ein Nachklang des in Wolframs Quelle Erzählten.

Auch fehlt es nicht an inneren Beweisgründen dafür, dass Wolfram die Vorgeschichte nicht erfunden hat. Einzelne sind schon in der Sammlung der geographischen Namen zur Sprache gekommen. Die im I. Buch geschilderten Zustände des Orients lassen sich mit denen nach 1160 vergleichen; sollte sie Wolfram 40 Jahre später unter gänzlich veränderten Verhältnissen selbständig erfunden haben? Die Liebesgeschichte des Galoes und der Königin von Navarra, für welche kämpfend er vor Montori fällt, führt geographische

Namen auf, welche Wolfram wol nicht aus eigener Kenntnis hinzufügen konnte. Und nun der Name Gandins selbst! Er hat, wie man gewiss mit Recht annimmt, Wolfram oder seiner Quelle Veranlassung gegeben zur Einflechtung der steirischen Ortsnamen, von denen der eine, *Gandîne,* an den seinigen erinnerte. Sollte nun Wolfram sich erst den Namen Gandin erfunden haben und dann hinterdrein sich durch die Aehnlichkeit mit einem Ortsnamen aus weiter Ferne zu einer neuen Erweiterung seiner Geschichte haben verführen lassen?

Und hier reiht sich eine Beobachtung an, welche Müllenhoff mir gütigst mitgetheilt hat. Sie betrifft die Art, wie im I. und II. Buch die handelnden Personen ausser Gahmuret eingeführt oder vielmehr nicht eingeführt werden.*) Sein Vater Gandin wird ganz beiläufig erst 8,19 genannt, nachdem bereits 5,25 von ihm die Rede war. Seine Mutter Schoette is 10,13 an der Handlung betheiligt, wird aber erst 92,24 genannt. Sein Bruder Galoes wird 6,2 erwähnt, erhält aber seinen Namen erst 80,14. Gahmurets Geliebte Amphlise wird 12,11 durch die Worte *ein sîn friundîn* angedeutet, mit Namen aber erst 76,7 vorgeführt. 'Nun kann man zugeben' sagt Müllenhoff, 'dass diese Art unpragmatischer Erzählung bei Wolfram ganz die gewöhnliche ist; halb vergisst er, weil er zu lebhaft mitten in den Dingen steckt, seine Personen am ersten Orte ihres Auftretens mit Namen zu nennen; ähnlich wie der Volksepiker setzt er oft den Stoff als bekannt voraus und beruhigt sich dann, wenn er weiterhin oder gelegentlich das Nöthige nachholt; theils unterlässt er auch aus künstlerischen Absichten, um dramatisch und erfolgreich zu wirken, die Nennung oder schiebt sie hinaus; ja man kann sagen, dies Unterlassen der Nennung wird bei ihm aus beiden Gründen beinahe zur Manier. Aber hat er die Fabel selbst allein erfunden und sagt dann seinen Hörern nicht gleich im Anfange: der sterbende Fürst war Gandin von Anjou u. s. f., so ist das mehr als je ein blosser

* Dass diese Manier Wolframs von Späteren nachgeahmt wurde, bemerkt Strobl zu Heinrich von der Neuenstadt S. XXVII.

Manierist, und wäre es der ärgste, zu Stande gebracht hat; es wäre der abgefeimteste Betrug'.

Begegnet somit die Annahme, Wolfram habe die Vorgeschichte Gahmurets selbständig hinzugedichtet, den grössten Schwierigkeiten, so gilt eben dies auch für den Schluss.

Und hier lässt sich auch ein ganz sicheres Zeugnis dafür beibringen, dass Wolfram, auch wo er über Crestien hinausgeht, in Uebereinstimmung mit der verbreiteten Sage erzählt. Dies Zeugnis habe ich bereits im Anzeiger zur Zeitsch. f. d. A. 23 S. 87 angeführt. Die Anknüpfung der Schwanrittersage, die man als sicheres Beispiel einer von Wolfram vorgenommenen Erweiterung der Gralsage bezeichnet hatte, findet sich vielmehr auch in der von Gerbert herrührenden Fortsetzung des Perceval, welche erst nach dem Parzival verfasst ist und daher Wolfram nicht vorgelegen haben kann, während andrerseits eine Benutzung Wolframs durch Gerbert undenkbar ist. Es muss diese Anknüpfung also schon in der von beiden Dichtern benutzten Ueberlieferung vollzogen worden sein.

Ebenso darf eine andere Uebereinstimmung nicht übersehen werden, welche Vorgeschichte und Schluss des Parzival mit einem Stücke des mnl. Romans von Lancelot (2, 42547 —47200) verbindet. Hier sucht ein schwarzer Ritter, Morian, seinen Vater Acglavael auf, der nach dem Lande Moriane gekommen sei und dort eine vornehme Frau unter den Mohren durch seine Schönheit zur Minne verführt und dann verlassen habe (47192 ff.) Acglavael soll Percevals Bruder sein; der Erzähler lässt jedoch durchblicken, dass nach der gewöhnlichen Ueberlieferung Perceval selbst der Ungetreue war, den er nur nicht nennen will, weil Perceval ja in jungfräulichem Stande den Gral gewonnen haben soll. Die Aehnlichkeit mit der Geschichte Gahmurets und des Feirefiz ist deutlich genug; wiederum ist die Benutzung der einen Erzählung durch die andere ganz unwahrscheinlich, und eine gemeinsame Quelle anzunehmen.

Müssen wir nun also daran festhalten, dass Wolfram ausser Crestiens Werk noch andere Erzählungen aus der Parzivalsage gekannt hat, so ist freilich die Möglichkeit nicht ausgeschlossen, dass er diese Erzählungen neben Crestiens Perceval benutzte. Diese Erzählungen konnten nur einzelne Partien der Sage behandeln und Wolfram aus ihnen die Notizen entnehmen, die er in die von Crestien gebotene Grundlage einflocht. Aber eben so gut konnte Wolfram schon ein französisches Werk vorfinden, das den Inhalt von Crestiens Perceval mit anderen Erzählungen vereinigte.

Und dies ist Wolframs eigene Angabe, nach welcher ein derartiges Werk von Kyot verfasst ihm vorlag. Was berechtigt uns an ihr zu zweifeln und sie für eine ähnliche spasshafte Erdichtung zu erklären, wie die, welche Cervantes in Bezug auf seine Quelle vorbringt?

Freilich eine bestimmte Vorstellung über das mit Kyots Namen bezeichnete Werk gewinnen wir nicht. Hat es bereits Crestien vorgelegen und dieser auch daraus geschöpft? Dies nahm Lachmann an S. XXIII ff. Doch die Schlussworte des Parzival sprechen allerdings mehr für das umgekehrte Verhältniss zwischen Crestien und Kyot. Und es hat gewiss nichts wunderbares, wenn Crestiens Werk durch einen andern Dichter erweitert und fortgesetzt worden sein soll. Etwas ähnliches liegt ja, allerdings in Prosa, in dem von Hucher herausgegebenen Roman vor: s. Anz. z. Z. f. d. A. 23, S. 86, wo ich Birch-Hirschfelds entgegengesetzte Annahme (S. 200), dass dies die Quelle Crestiens gewesen sei, zurückgewiesen habe.

Wer nun der von Wolfram gepriesene Sänger Kyot war, ob er wirklich nach San Martes und Wackernagels Annahme mit dem Dichter Guiot de Provins gleichgesetzt werden darf, darüber lässt sich kein Urtheil fällen. Möglich wäre übrigens, worauf wohl schon von andern hingewiesen worden ist, dass dieser oder ein andrer Guiot gelegentlich in dem von Wolfram benutzten Werke citiert wurde, worauf Wolfram ihn missverständlich als den Dichter selbst aufgefasst hätte. Derartige Versehen sind ja auch in unsern Tagen bei philologischen Forschern vorgekommen; ein Beispiel ist in der Zschr. f. d. Philol. 1,172 nachgewiesen worden.

II. *DIU KRÔNE* HEINRICHS VON DEM TÜRLIN.

Soll man es nun wunderbar finden, dass Kyots Werk, abgesehen von der Nachwirkung bei Wolfram und vielleicht im jüngeren Titurel (denn darüber zu entscheiden darf man wol bis zum Erscheinen der versprochenen Ausgabe versparen), so ganz spurlos verloren gegangen ist? Derselbe Fall liegt doch auch sonst vor. Das *welsche buoch* von Lanzelet, welches Ulrich von Zatzikhoven im Besitze Hugs von Morville fand und übersetzte, ist uns ja auch nicht erhalten, und doch wird Niemand an seinem ehemaligen Vorhandensein zweifeln. Hier freilich könnte man einem Zweifel auch noch den theilweisen Fortbestand der darin enthaltenen Sage in den späteren französischen und sonstigen Erzählungen und Gedichten von Lanzelet entgegenhalten.

Auf ein anderes Beispiel gehe ich um so mehr ein, als es uns gerade die von Wolfram im Parzival behandelten Sagen wieder in abweichender Gestalt zeigt und so einen Beweis dafür giebt, dass neben Crestiens Perceval noch andere Ueberlieferungen zu Wolframs Zeit umliefen.

Ich meine die Krone Heinrichs von dem Türlin, ein Gedicht, das wegen seines vielfach öden Inhalts, zum Theil aber auch wegen der ungenügenden Ausgabe, in welcher es vorliegt, bei den Germanisten eine verhältnismässig geringe Beachtung gefunden hat. Selbst die Monographie von Karl Reissenberger, Graz 1879, gewährt uns gerade für die hier einschlagenden Untersuchungen keine Unterstützung. Diese geringe Beachtung wird es rechtfertigen, wenn ich hier nicht wie bei Wolfram Leser voraussetze, welche die Dichtung selbständig kennen zu lernen gesucht haben.

Zunächst einige Worte über Bildung und Geistesart des Dichters. Heinrich besitzt unstreitig eine gewisse Gelehrsamkeit. Auf seinen Beruf lassen medicinische Kunstausdrücke schliessen; er kennt 6663 ff. die verschiedenen Adern, die *cephalica*, die *median*, die *epatica;* er schildert 9804 die Krankheiten des Pferdes, welches Gawein besteigen muss, auf das ausführlichste. Weniger beweisend ist 12505 ff., wo zwei *phisicîn* aus *Montbailliere* (so ist 12513 zu lesen) in ihrer Thätigkeit geschildert werden. Von den classischen Dichtern waren ihm Horaz und Ovid gewiss bekannt: er citiert, wofür Reissenberger die Belege zusammenstellt, eine Anzahl von mythologischen Figuren und fast durchweg richtig. (Eine Ausnahme bildet wohl 15542.) Und wie wir das auch sonst, z. B. bei Ulrich von Zatzikhoven, nachweisen können, Heinrich hat auf Grund seiner gelehrten, vermuthlich geistlichen Bildung sich auch das Französische in weit höherem Grade angeeignet als unsere ritterlichen Dichter. Er liebt seine französischen Kenntnisse in Erläuterungen der fremden Ausdrücke und Namen zu verwerthen: 25837 sagt er *als ein schevalier errant, daz sprichet, als ein recke.* 15947 ein Schloss hiess *Amontsûs, wan ez ûf einem berge lac.* Von deutschen Dichtern führt er ausser einigen Lyrikern des 12. Jahrhunderts, unter denen auch Reimar als bereits verstorben genannt wird, den ebenfalls nicht mehr lebenden Hartmann von der Aue auf, dessen Aufzählung der Ritter von der Tafelrunde im Erec er vervollständigen will, 2360; Wolfram nennt er einfach 1380; dagegen verspottet er Wirnt von Gravenberg, dessen Lob der *ôsterherren,* der östreichischen und slavischen Ritter, auf Kosten der bairischen er ironisch zurückweist 2938 ff.

Diese Ironie war offenbar den Neigungen des Dichters besonders angemessen. Seine Lieblingsfigur ist Keii, dessen Hohnreden er mehrmals weitläuftig und mit einer gewissen Kunst ausführt. Dabei weist er öfters darauf hin, dass Keii nicht blos alle ausnahmslos verspottet hätte, sondern auch selbst Spass verstand. Eine wahre Befriedigung gibt es ihm, dass Keii, als fälschlich Gawein tot gesagt wurde, mehr als irgend ein andrer Trauer, und ebenso bei dem Wiedersehen Freude gezeigt habe: da konnte man sich, wie der Dichter 22144 meint, überzeugen *daz sîn spot niht von nîde gienc.* Zu dieser ironischen Lebensauffassung passt nun auch die Vorliebe des Dichters für lüsterne Schilderungen, welche stellenweise die Grenzen des poetisch Erlaubten überschreitet. 'Der Welt Kind Heinrich von dem Türlin', so nennt er sich selbst 10444.

Für seine Neigungen konnte Heinrich in der altfranzösischen Litteratur Stoff und Vorbilder zur Genüge finden. Nach seiner Angabe schöpfte er auch den Inhalt seines Werkes aus einem französischen Buche 16941. 19387, das er am Schluss 29970 das *exemplâr* nennt, während er sich 28721 auf die *âventiure,* 22202 auf die *fabel* beruft. Wiederholt sagt er, er erzähle so, *als ich ez en franzois las.* Manchmal bemerkt er, dass seine Quelle ihm über Namen von Personen oder sonstige Dinge keine Auskunft gebe: 27994. 28721. Er bezeichnet an verschiedenen Stellen als den Verfasser seiner Quelle Crestien von Troies z. B. 16941; als es sich um jene Klage Keies handelt: *des heizet in daz buoch loben und sîn meister Cristjân.* Und mehrmals (23046. 23982) nennt er *Cristjân von Trois* als seinen Gewährsmann für die Geschichte vom Wunderhandschuh, der die Treue der Frauen und Männer erproben lässt.

Nun ist es allerdings merkwürdig, dass Crestien gerade da angezogen wird, wo wir ein Gedicht von ihm über den Gegenstand der Erzählung nicht besitzen, während andererseits Heinrich ihn in dem Theile seines Werkes (17500—22553) nicht nennt, in welchem er eine Reihe von Abenteuern Gaweins und zwar in derselben Reihenfolge erzählt, wie sie in Crestiens Perceval und ebenso in Wolframs Parzival sich vorfinden. Allerdings weicht Heinrich in manchen Punkten von Crestien ab, nur dass er dessen Darstellung doch noch näher steht als Wolfram. Schon Lachmann, Vorrede zu Wolfram XXII, hat darauf hingewiesen, dass Heinrich Parzivals Geliebte Blancheflur nennt wie Crestien, nicht wie Wolfram Kondwiramur. Birch-Hirschfeld S. 286 bemerkt, dass ein Gegner Gaweins bei Crestien und Heinrich Giromelanz genannt wird, bei Wolfram Gramoflanz. Und noch andere Beispiele lassen sich anführen. So heisst die Mutter des Artus, welche Gawein mit anderen Frauen der Vorzeit auf Schastel marveillos erlöst, bei Crestien und Heinrich Igerne, bei Wolfram Arnive; die Schwester Gaweins Clarissanz bei Crestien und Heinrich, bei Wolfram Itonje.

Aber Lachmann hat auch darauf aufmerksam gemacht, dass an anderen Stellen Heinrich sich neben Crestien und Wolfram mit einer dritten Version hinstellt. So hat er die bei Crestien namenlosen oder durch ein schilderndes Beiwort bezeichneten mit einem anderen Namen versehen als Wolfram. Der Narr an Artus Hof, den Wolfram Antanor nennt, heisst bei Heinrich Culianz, die Jungfrau, die nicht lachen wollte bis Parzival kam, heisst bei Wolfram Cunneware, bei Heinrich Lede. Von den beiden Schwestern, deren eine Gawein schilt, während die kleinere ihn zu ihrem Ritter macht, heisst die eine bei Heinrich *Flursensephin*, d. h. vielleicht *Flurs sens espine*, die andere *Quebelepluz*, worin wol nur Beibehaltung des französischen Ausdrucks, der sie als die schönere von beiden bezeichnete, vorliegt. Wolfram nennt sie bekanntlich Obie und Obilot. Uebrigens wird der Verlauf des Abenteuers auch von Heinrich anders als von Crestien oder von Wolfram dargestellt. Alle drei Dichter haben einen besonderen Namen für den Ritter, den Gawein wegen Nothzucht zwang, mit den Hunden zu essen*: Crestien nennt ihn *Griogoras*, Wolfram *Urjâns*, Heinrich *Lohenis von Rohas*. Endlich erwähne ich noch, worauf auch schon Lachmann hingewiesen hat, dass Heinrich bei dem Zusammentreffen Gaweins mit Giromelanz Eigenthümliches berichtet. 6112 und 21386 sagt er, dass die Blumen, welche Gawein abbrechen soll, ihn so betäuben, dass er sich mit seinem Speer in den Fuss stechen muss, um die Besinnnng zu behalten. Davon weiss Wolfram Nichts. Crestien lässt zwar Gawein auf Wunsch einer Dame über den *gué perilleux* sprengen, um ihr Blumen zu brechen; aber dass und wie dies geschieht, erzählt er nicht.

* Zu dieser Strafe des Nothzüchters vergleiche die des Ehebrechers Fasnachtsp p 711,19 *das er sol fürpas von der erden essen* uff.

Alle diese Abweichungen von Crestien müssten Heinrichs eigene Erfindung sein, wenn wir jene Schlussfolgerungen auf Heinrich übertragen wollten, vermöge deren man Crestiens Gedichte zur alleinigen Quelle auch Wolframs gemacht hat. Auch Heinrich müssten wir ein freies Umdichten seiner Vorlage zuschreiben. Dem widerspricht aber nicht nur seine eigene, bereits angeführte Versicherung; es stünde auch mit wesentlichen Eigenschaften seines Werkes in Widerspruch.

Hätte Heinrich das, worin er über Crestien hinaus geht, frei erfunden, so würde er doch wohl sich in seinen Namen und sonstigen Angaben gleich geblieben sein. Das ist nun durchaus nicht der Fall. An den beiden Stellen, wo Heinrich von dem zuletztangeführten Abenteuer redet, nennt er verschiedene Namen: das eine Mal bricht Gawein die Blumen für *Leigormon*, das andere Mal für *Mancipicelle;* jene entspricht der Orgueilleuse Crestiens und Wolframs, diese der Bene Wolframs, welche Crestien überhaupt nicht kennt: der Name, der natürlich so viel ist wie 'Dienerin', ist offenbar erst von Heinrich zu einem Eigennamen erhoben worden. Und ferner, es heisst die Dame, welche Wolfram Antikonie, Crestien gar nicht nennt, bei Heinrich 18881 *Seimeret,* 22750 *Soreidoz,* beidemal durch den Reim gesichert. Hier ist es allerdings möglich für die französische Vorlage die Uebereinstimmung zu retten, wenn wir den zweiten Namen als *Sor Eidoz,* die Schwester des E. verstehen.

Dazu kommen andere Widersprüche bei Heinrich, welche nicht gut erklärt werden können, wenn er seine Erzählung selbst erfunden hätte. Mehrmals fasst er recapitulirend die Abenteuer Gaweins zusammen: dabei werden solche, die erst später ausführlich dargestellt werden, als bereits überstanden erwähnt. So ist er 6119 schon in Schastel mervillos gewesen, kommt dagegen später (13587) zum ersten Mal dahin; ja 9028 hat er schon den Gral gesehen, den er doch erst ganz am Schlusse der Erzählung findet. Auf ein anderes Versehen ähnlicher Art hat Scholl S. XLV seiner Einleitung aufmerksam gemacht.

Anderes erzählt Heinrich überhaupt zwei Mal, allerdings dann mit grösseren oder geringeren Abweichungen. So sind in dem Becher, der die Tugend der Hofleute prüft, und in dem Handschuh, welcher die gleiche Eigenschaft besitzt, natürlich nur zwei Versionen derselben Erzählung zu sehen. Eine dritte ist die vom Mantel, der die Untreue der Frauen ans Licht bringt. Heinrich erzählt sie nicht selbst, wol aber sagt er 23505, als er vom Handschuh zu erzählen beginnt, er wolle davon nur kurz erzählen, *wan ich die selben klage . . dâvor ê hân geseit an dem kophe und an dem mantel;* und er bezieht sich auf den Mantel auch sonst noch: 23656.

Dass Heinrich keineswegs als Erfinder der Stücke angesehen werden darf, welche sich in seiner Erzählung zusammengeschweisst finden, ergibt sich nun auch daraus, dass ein Theil dieser Stücke sich in späteren französischen und englischen Quellen wieder finden. Denn es ist selbstverständlich, dass diese nicht aus Heinrich geschöpft haben und ebenso wenig ist es zu bezweifeln, dass die verschiedenen Dichter nicht ohne gemeinsame Quelle zu denselben Erzählungen gekommen sind.

Auf mehrere dieser Uebereinstimmungen ist bereits in den Anmerkungen zur Krone von Holland hingewiesen worden: s. zu 918 über Becher und Mantel, zu 12611 über die Gewinnung eines wunderbaren Zaumes. Die erstere Sage war auch der wallisischen Poesie bekannt: die Triaden kennen den Mantel der treuen Frau und den Becher, woraus kein Ungetreuer trinken soll (San Marte, Gotf. Monm. S. 294). Beide Erzählungen liegen ebenso wol als Theile grösserer epischer Gedichte wie für sich bearbeitet vor. Die Geschichte, wie ein Held einem Fremden den Kopf abschlagen soll unter dem Beding, dass er später selbst von eben demselben ein gleiches sich gefallen lasse, wird wie von Heinrich und in der *Mule sans frain* (Méon, Nouveau Recueil 1,1 ff.) so auch im englischen Gedicht *The green knight* (Ten Brink, Engl. Litteraturgesch. 423) von Gawein erzählt, dagegen in der Fortsetzung des Roman de Perceval durch Gautier 12640 ff. von Carados. Eine dritte Partie in Heinrichs Krone, die wir sonst nachweisen können, ist 7932 ff. die Minne Gaweins und eines Mädchens, das durch ein herabfahrendes Schwert beschützt wird: sie wird im Fabliau des *Chevalier à l'espée* erzählt, in

Méons Nouv. Rec. 1,127 ff. Der Verfasser dieses Fabliaus macht V. 17 ff. die seltsame Bemerkung, dass Crestien von Gauvein niemals viel Redens gemacht habe: eine Bemerkung, die schon durch den Perceval widerlegt wird.

Endlich lässt sich auch das, was Heinrich von den Besuchen beim Gral erzählt, einigermassen vergleichen mit dem in den Fortsetzungen des Perceval und im mnl. Lancelot darüber berichteten. Dass Gawein 14881 ff., nachdem er auf der Gralburg eingeschlafen, am Morgen sich auf freiem Felde findet, stimmt zu Perceval 26975.

Zu diesen Uebereinstimmungen mit fremden Gedichten, die doch Heinrich nicht selbst gekannt hat, wie aus der Abweichung der Nebenzüge ersichtlich ist, kommt nun noch, dass wie bei Wolfram so auch bei ihm Helden auftreten, die anderwärts wenigstens genannt werden, oder, wenn auch nicht in gleichen, so doch in verwandten Abenteuern thätig sind. So ist der *Gasozin* oder *Gasozein de Dragôz* gewiss kein anderer als Gasosin von Strangot im Erec Hartmanns 1647, den auch Crestien (s. Haupts Anm.), sowie Gautier Perc. 16302 nennt. Vgl. auch im mnl. Lancelot 9116 *Gosennes van Strangeloet*.

Auf Grund dieser Nachweise wird wohl die Meinung, dass Heinrich den Stoff seiner Krone erfunden habe, nicht mehr statthaft erscheinen. Ebenso wenig wird man es aber für wahrscheinlich halten, dass er sie selbst aus verschiedenen Gedichten und Erzählungen zusammengesetzt habe. Dem steht schon seine Angabe entgegen, dass er aus éinem Buche, éinem Exemplar übersetze; ausserdem aber auch innere Gründe. Gegen Ende versichert er 28462 und immer häufiger, dass er die Erzählung abkürzen wolle. Hatte er sie erst selbst zusammengesetzt, so konnte er ja einfach von weiteren Zusätzen absehen, sobald er seinen Hörer oder Leser zu langweilen glaubte. Und dass diese Absicht zu kürzen keineswegs eine Phrase war, das bestätigt die gegen den Schluss zu immer hastiger und dürftiger werdende Darstellung.

Etwas anderes ist die Frage, ob Heinrich mit Recht Crestien als seinen Gewährsmann bezeichnet. Ich möchte dies hauptsächlich deshalb für unwahrscheinlich halten, weil ein Theil des in der Krone Erzählten sich, wie schon bemerkt, in den Namen abweichend, aber im Thatsächlichen übereinstimmend in Crestiens Perceval wiederfindet. So konnte Crestien sich unmöglich selbst wiederholen. Aber an diesen Stellen nennt ja auch Heinrich Crestien nicht als seine Vorlage, und wo er ihn nennt, da mag in der That eine uns verlorene Dichtung Crestiens zu Grunde liegen. Nur musste sie in Heinrichs Vorlage bereits mit einer Umarbeitung von Crestiens Perceval verbunden gewesen sein.

Eine derartige Compilation aus Stücken verschiedener Dichter hat Nichts unwahrscheinliches an sich. Müssen wir doch schon den Perceval Crestiens und seiner Fortsetzer, als Ganzes gefasst, so bezeichnen; ist doch auch der mnl. Lancelot nichts als eine derartige Compilation.

In allen diesen Gedichten finden wir dann nicht nur Wiederholungen, sondern auch Widersprüche. Ersteres ist z. B. bei den Gralbesuchen der Fall; diese Wiederholungen häufen sich ins Ungemessene, wenn wir alle diese Gedichte als Glieder einer Sage fassen. Perceval, Gawein, Lanzelot, Galaad, sie alle kommen zum Gral, mit mehr oder weniger glücklichem Erfolg. Wir haben es hier offenbar mit einer Poesie zu thun, die nicht entfernt die Festigkeit und Gleichmässigkeit der deutschen Heldensage oder der französischen Karlsage besitzt. Offenbar wurde frühzeitig dieselbe Begebenheit verschiedenen Helden beigelegt; und die von Anfang an sichtbaren Uebertreibungen der bretonischen Sage steigern sich durch die wetteifernde Erhöhung der jedesmaligen Helden immer mehr.

Diese Unfestigkeit erklärt sich nur, wenn wir bedenken, dass die Grundlage der Sage auf französischem Gebiete nicht alte einheimische Lieder waren; dass sie vielmehr theils auf fremden Volksliedern, den bretonischen *lais* beruhten, was ja F. Wolf trefflich ausgeführt hat, theils, was noch nicht erkannt zu sein scheint, auf prosaischen Erzählungen. Nur die Freiheit des prosaischen Vortrags gestattete solchen raschen Wechsel der Ueberlieferung, solche Uebertragungen und Uebertreibungen. Und hiefür lässt sich neben den inneren

Gründen auch ein positives Zeugnis beibringen. Crestiens Fortsetzer Gautier beruft sich 28373 ff. auf die *estoire,* welche von Perceval Wahres berichte: *Mais il sont ore maint vassal Qui fabloiant vont par les cours, Qui les contes font a rebours Et des estores les eslongent Et les mencognes i ajoingnent. Et cil ki l'oent et escoutent Ne sevent que bon conte montent, Ains dient ke cil menestrel Qui gisent la nuit en l'ostel, Quant on leur fait un poi conter D'une aventure sans rimer, Qu'il ont toute l'estoire oïe, Qu'il ja n'aront jor de lor vie. Si lor font tout mencogne acroire. Et il le sevent bien aoire Et bien acroistre et metre avant.*

Dass ein einfacher, prosaischer Vortrag der Märchen als volksthümliche Kunst auch noch bis in die Gegenwart geübt worden ist, davon gibt Müllenhoff in seinen Sagen, Märchen und Liedern der Herzogthümer Schleswig-Holstein und Lauenburg S. XLII anschauliche, anziehende Kunde. An den Höfen des Mittelalters werden wir uns diese Kunst vielfach thätig zu denken haben, wenn auch die Ausdrücke vom Erzählen meist nicht erkennen lassen, ob poetischer oder prosaischer Vortrag gemeint ist.

Solche prosaische Erzählungen erhielten dann poetische Form theils indem man einzelne Stücke herausgriff, wovon eben die zu Heinrichs Krone stimmenden Fabliaux* Beispiele gegeben haben, theils indem man grössere Sagencomplexe zusammenfasste und mit mehr oder minder Geschick zu umfangreichen Gedichten verarbeitete. Selbst an Crestiens und seiner Uebersetzer Erec und Iwein wird dieser Ursprung aus einer Zusammenfassung ursprünglich getrennter Einzelerzählungen sich leicht durchfühlen lassen.

Aber es kam auch zu schriftlichen Aufzeichnungen der prosaischen Erzählungen selbst. Es ist kein Zufall, dass ge-

* Noch ein Beispiel dafür, dass französische Fabliaux mit deutschen Erzählungen dem Stoffe nach zusammenhängen, ohne dass man eine gemeinsame schriftliche Quelle annehmen darf, möge hier Platz finden. Unsere Erzählung von Moriz von Craon, um 1200 gedichtet, wird offenbar dem Inhalte nach wiedergegeben durch *Le Revenant* von Pierre Danfol in Méons Nouv. Rec. 1, 174, nur dass das letztere Gedicht eine bereits verdunkelte und abgeblasste Ueberlieferung voraussetzt, die nur eine mündliche, prosaische gewesen sein kann.

rade die bretonischen Sagen so frühzeitig in Prosa bearbeitet vorlagen. Die hier für die Verfasser überlieferten Namen des Walther Map u. a. mögen unzuverlässig sein, aber an einer Abfassung der ihnen zugeschriebenen Werke in der ersten Hälfte des 13. Jahrhunderts darf nicht gezweifelt werden. Für die mit so viel Freiheit behandelten, an sich schon phantastischen Stoffe der bretonischen Sage, für diese wahren Vorläufer unserer Romane, unserer erfundenen Unterhaltungslectüre, war die prosaische Form die vollkommen angemessene.

III. DIE GRALSAGE UND IHR URSPRUNG.

Dürfen wir also bei Heinrich von dem Türlin Benutzung einer französischen Quelle und somit Gewährschaft für eine weiter verbreitete Ueberlieferung annehmen, so gewinnt auch das, was er über den Gral berichtet, Wichtigkeit für die Erkenntnis dieser Sage. Zweimal kommt Gawein zum Gral, das erste Mal, 14622, allerdings ohne dass dieser Name genannt wird, obschon die ganze Schilderung deutlich genug auf ihn hinweist. In einer Burg trifft Gawein einen ungenannten *altherren* auf einem Ruhebette liegend. Die Gebäude durchwandelnd kommt er in eine Kapelle: plötzlich wird es dunkel und ebenso schnell entzünden sich alle Kerzen. Zwei Hände, ritterlich bekleidet, reichen aus der Mauer und tragen eine blutende Lanze umher. Dann erlöschen die Kerzen und ein dreimaliger Jammerruf durchdringt die Luft, dessen Schall Gawein betäubt. Erwacht, kehrt er zum Burgherrn zurück. Beim Essen tragen vier Jungfrauen Lichter, eine fünfte bringt ein crystallnes Gefäss mit frischem Blute, das der *altherre* mit einer Röhre saugt. Man trennt sich. In der Nacht steht Gawein auf und findet seinen Wirth tot. Er legt sich bei seinem Pferde nieder, neben welchem zwei weisse Rosse stehen. Des Morgens erwacht, sieht er sich allein auf freiem Feld.

Dann am Schluss 29182 wird der Gral wirklich auch genannt. Gawein sieht auf der Gralburg den Aufzug, der indessen minder prächtig als bei Wolfram geschildert wird.

Als nun Gawan die Frage gethan hat, was die Wunder bedeuten, da bricht die ganze Gesellschaft in lauten Jubel aus. Sein alter Wirth erklärt ihm, mit dieser Frage habe er alle erlöst, die lange auf ihn gewartet hätten: er selbst und seine ganze Umgebung seien tot, wenn sie auch lebend schienen. Nur die Frauen, die den Gral getragen und begleitet hätten, würden mit dem Helden und seinen Gefährten in die Welt zurückkehren. Darauf verschwindet der Gral und sein Gesinde vor den Augen Gawans.

Während nun jene erstere Schilderung in manchen Punkten, wie bereits bemerkt worden ist, mit Gralbesuchen bei Gautier und sonst übereinstimmt, weicht die zweite, die Lösung der Gralräthsel, von allen übrigen Darstellungen ab, nähert sich aber dafür der Volkssage. Diese erzählt ja so oft von alten Männern, die in Bergen oder Schlössern hausen und nicht sterben können bis ein Zauberwort sie erlöst. In allen übrigen Fassungen der Gralsage ist es nicht der Tod, ist es Heilung von schwerem Siechthum, welche man von der lösenden Frage erwartet.

Den Namen des Herrn der Gralburg gibt Heinrich so wenig an wie Crestien; Wolfram nennt ihn Anfortas. San Marte und ihm folgend Bartsch haben darin ein romanisches Wort für den 'Kranken' finden wollen, wogegen freilich G. Paris aus sprachlichen Gründen Einspruch erhebt. Auf jeden Fall darf der Name uns nicht hindern, wenn sich für den sehnsüchtig harrenden Kranken eine andere Vergleichung bietet, dieser zu folgen.

Und eine solche bietet sich allerdings, wenn wir nur den Kern der bretonischen Heldensage ins Auge fassen. Der an Wunden, die nur ein Wunder heilen kann, dahin siechende Greis ist kein anderer als Artur selbst, freilich Artur in einem anderen Zeitpunkt, als in welchem die gewöhnliche ritterliche Dichtung ihn darstellt.

Von Artur erzählt bekanntlich die wallisisch-bretonische Sage, wie Gotfried von Monmouth sie um die Mitte des 12. Jahrhunderts aufzeichnete, dass er nach vielen Siegen zuletzt gegen seinen eigenen Neffen, den Verführer seiner Gemahlin, zu kämpfen hatte und dass beide sich tödlich verwundeten.

Aber Artur sei zur Heilung seiner Wunden auf die Insel Avallon gebracht worden, entführt von der Fee Morgan, so fügen andere Schriftsteller hinzu. Von dort soll er wiederkehren, um sein Volk zu befreien. Schon die Prophezeihungen Merlins, die Gotfried von Monmouth in sein Werk aufnahm, sprechen von einem *niveus senex,* der auf weissem Rosse erscheinen werde, und der Commentar des Alanus ab Insulis deutet dies einfach auf Artur (s. die Ausgabe Gotfrieds von San Marte S. 352).

Ohne Zweifel haben wir als Grundlage dieser Sage einen Mythus anzuerkennen: die unendliche Sieghaftigkeit und Milde Arturs stellt ihn bekannten Gestalten der germanischen Heldensage, den Vertretern der Sommerfreude nahe genug. Aber darin liegt ein eigener Zug der celtischen Sage, dass sie eine Rückkehr des Heldenkönigs mit Sicherheit erwartet, wie jedes Jahr der Sommer neu erscheint. Die politischen Hoffnungen, welche die Walliser an diese Rückkehr Arturs knüpften, sind wol erst später auf die ursprüngliche Göttergestalt übertragen worden. Nicht ohne Grund hat Holtzmann, Pfeiffers Germania 12, 257, überhaupt die historische Existenz Arturs in Zweifel gezogen.

Und zwar dachte man sich den Gott im Winter zurückgezogen von der Welt, sowie Thor während dieser Zeit schläft. Ebenso hauste Artur auf einer Insel oder in einem Berge, von den Menschen getrennt und doch nicht ganz unzugänglich.

So berichtet der um 1211 schreibende Verfasser der Otia Imperalia, Gervasius von Tilbury, in Liebrechts Auswahl S. 12. Auf Sicilien liege der Berg Aetna, in der Volkssprache Mongibel genannt. An diesem öden Orte, so erzählten die Einwohner, sei vor einiger Zeit der grosse Artur gesehen worden. Ein Pferdeknecht des Bischofs von Catania habe ein entlaufenes Pferd bis an das Geklüft des Berges verfolgt. Er fand einen ebenen, aber engen Pfad und gelangte auf eine weite, von allen Lustbarkeiten erfüllte Ebene. Dort in einem wunderbaren Palast lag der König Artur auf seinem königlichen Bett, an den alljährlich wieder aufbrechenden Wunden siechend. Artur habe dem Knechte das Pferd zurückstellen lassen und mit vielen Geschenken dem Erzbischof überschickt. Gervasius fügt hinzu, dass die Förster in England ähnliches von Artur erzählten, dass sie namentlich die Ritter Arturs um Mittag oder nach dem Anbruch der Nacht jagend gesehen und den Schall ihrer Hunde, ihrer Hörner gehört hätten.

Der Bericht des Gervasius wird nun bestätigt durch einen etwa gleichzeitigen, aber offenbar unabhängigen bei Cäsarius von Heisterbach (12, 12). Er gibt den Namen seines Gewährsmanns an, nach welchem zur Zeit Kaiser Heinrichs VI ein Decan der Kirche zu Palermo sein entlaufenes Pferd habe suchen lassen; dem Knecht habe ein Greis gesagt, dass Artur, der im Aetna hause, es bei sich habe und den Herrn selbst zu seinem nächsten Hoftag erwarte, worauf dieser denn bald gestorben sei.

Wie die Sage von Artur gerade nach Sicilien* kam, ist nicht schwer zu errathen. Das normannische Königsgeschlecht, dessen Erbe Heinrich VI wurde, stand in lebhafter Verbindung mit den Plantagenets, welche die Erinnerungen an Artus so vielfältig pflegten. Als Richard Löwenherz auf dem Weg nach dem h. Land bei König Tancred verweilte, schenkte er ihm das Schwert Arturs, den sagenberühmten Caliburn (Pauli, Geschichte Englands 3, 220).

Allerdings setzt diese Uebertragung voraus, dass man in der brittischen Heimat sich ähnliche Vorstellungen von Arturs Zurückgezogenheit machte. Gervasius könnte zu der Ansicht verleiten, dass man in England sich Artur nur als wilden Jäger vorstellte, Gotfried von Monmouth, dass man stets an eine Insel als Aufenthalt des Königs gedacht hätte. Aber auch Berge nannte man schon im 12. Jahrhundert als Sitze Arturs. So berichtet Giraldus im Itinerarium Cambriae von 1188 (ed. Camden, Anglica, Frankfurt 1603, S. 827, Z. 48):

---

* Von Sicilien drang die Artursage zu uns. Denn seit Georg Voigt in Sybels Zeitschr. 26, 131 ff. gezeigt hat, dass die deutsche Sage von Kaisern, die im Berge hausend der Wiederkehr harren, sich zuerst an Friedrich II. geknüpft hat, liegt es da nicht nahe, anzunehmen, dass dieser Glaube, der soviel Aehnlichkeit mit der britischen Artursage zeigt, nur aus dieser auf uns übergegangen ist?

Wales habe im Süd-Osten eine Kette von Bergen, *quorum principalis Cadair Arthur dicitur i. Cathedra Arthuri, propter gemina promontorii cacumina in cathedrae modum se praeferentia. Et quoniam in alto cathedra et in arduo sita est, summo et maximo Britonum Regi Arthuro vulgari nuncupatione est assignata.* Diesen oder ähnliche Namen für Berge begegnet man auch sonst mehrfach in England und Schottland, hier u. a. in Arthurs Seat bei Edinburg: vgl. John S. Stuart Glennie, Arthurian localities, Edinburgh 1869. Im Süden von Melrose finden sich die Eildons, Hügel mit drei Spitzen: *mark the domes of those vast subterranean Halls, in which all the Arthurian chivalry await, in an enchanted sleep, the bugle-blast of the adventurer who will call them at length to a new life* (Arthurian Localities S. 60). Auch sonst ist die Rede von unterirdischen Hallen, aus denen man das Geklirr der Waffen, das Stampfen der Rosse ertönen hört.

Ist nun der Gralkönig Artur selbst, so frägt sich, wie die ihm beigelegten Attribute zu erklären sind. Mythisch ist gewiss das Schwert, dessen Stücke nur der dazu bestimmte Held vereinigen kann; nur darf es nicht wol mit Caliburn verglichen werden, da Artur dies sein Schwert beim herannahenden Tod in die See geschleudert haben soll. Von der blutenden Lanze aber wird man gewiss annehmen, dass sie die Waffe war, welche dem Könige die schweren Wunden schlug. Damit lässt sich die bekannte alte Prophezeihung, dass durch die blutende Lanze einst das Reich Logrois (England) zerstört werden solle, wol vereinigen.

Aber der Gral, darf auch dieser mit Artur in Verbindung gebracht werden?

Ich glaube, ja, und gehe bei der Begründung dieser Ansicht zunächst von den späteren Quellen aus. Der Wartburgkrieg, bei Simrock Str. 83, und ihm folgend der Lohengrin 24 berichten: *Feliciâ Sibillen kint und Jûnô die mit Artûs in dem berge sint die habent vleisch sam wir und ouch gebeine. Die vrâgt ich wie der künic lebe und wer der massenîe ir spîse gebe . .* Es wird hier nicht ausgesprochen, dass der wunderbare Speisenbereiter der Gral ist; aber Lohengrin erscheint denn doch als Gralritter von Artus ausgesandt (Wartb. 85). *Feliciâ* ist deutlich die *Sælde*, welche auch Heinrich von dem Türlin personificiert, und die beiden, Artus und dem Gral, unmittelbar zugehört.

In den späteren deutschen, besonders den niederdeutschen Sprachquellen ist *grâl* soviel als gesellige Lust, lärmender Jubel, Gelage verbunden mit Ritterspiel. In dieser Auffassung wird Gral und Tafelrunde gleichbedeutend, und bei den Festen der Höfe im 13. Jahrhundert wie bei den späteren der Bürgerschaften finden wir beide Namen abwechselnd gebraucht. Und eine Stelle aus Theodor von Niem im 15. Jahrhundert, welche Lexer im Handwörterbuch anführt, besagt, dass die Deutschen wie allerdings auch die Landesbewohner einen Krater bei Pozzuoli für den Ort hielten, an welchem der Gral mit Spiel und Tanz gefeiert werde; damit ist der Aufenthalt Arturs nach Gervasius und Cäsarius sehr wol zu vergleichen.

Das sind allerdings spätere Zeugnisse; aber könnte hier nicht der ursprüngliche Sinn der Sage erhalten sein? Die Insel Avallon wird schon in der metrischen Vita Merlini mit den Insulae fortunatae verglichen; jener Besucher Arturs findet *planitiem omnibus deliciis plenam.*

Und wie hier die Vorstellungen von Arturs Aufenthalt, so kommen auch die wunderbaren Eigenschaften des Grals auf die Gewährung des höchsten Wollebens hinaus. Immer und in allen Quellen hat er die eine Wunderkraft: er gibt allen, die in seiner Umgebung sind, Sättigung, sei es, indem er Speise und Trank, wie man sie sich nur wünschen kann, aufträgt, oder dass er, nach der reineren Auffassung einiger Quellen, die Begierde erlöschen lässt. Damit stimmt auf das Zutreffendste die Bedeutung des Wortes, wie sie in der oft angeführten Stelle des Helinand um 1204 angegeben wird. Altfrz. *graal*, mlt. *gradalis* bedeutet eine weite, sich stufenweise vertiefende Schüssel, in welcher verschiedene Speisen zugleich vorgesetzt werden. Der Gral der Sage ist also ein Gefäss, das jeder Zeit eine volle Mahlzeit wunderbar spendet, eine Art Tischlein deck dich.

Das Märchen vom Tischlein deck dich haben die Brüder

Grimm in den Anmerkungen zu ihren Kinder- und Hausmärchen in zahlreichen Varianten bei verschiedenen Völkern nachgewiesen. Ein sehr altes Zeugnis gibt eine Stelle in dem Reisebericht Wilbrands von Oldenburg, der als Domherr von Hildesheim 1211 im Auftrag Ottos IV Palästina, Syrien und Cilicien durchzog, vermuthlich um den vom Kaiser geplanten Kreuzzug vorzubereiten. In Cilicien oder Kleinarmenien findet er einen Berg der Abenteuer, *montem de aventuris*. Aus wahrhaften Berichten erfährt er, dass wer sechs Wochen faste, dann communiciere und so nüchtern in den Berg eingehe, ohne Zweifel glückliche Begegnungen habe, wie dies durch vielfache Erfahrungen bewährt sei. Besonders hoch stelle er, dass ein Ritter, den er selbst in Antiochien gesehen, dort im Berg eine Serviette, ein *manutergium* gefunden, welches seinem Hausstande und seinen Gästen, soviele er einzuladen pflege, alles Nöthige von Lebensmitteln darbiete, so dass es auf dem Tisch und der Serviette bereit vorliege. Möchte doch, so schliesst der gute Berichterstatter, auch heute noch ein solcher Diener der Bedürftigkeit des Lebens zu Hilfe kommen! (Ausgabe von Laurent, Hamburg 1859, S. 25).

In dieser Eigenschaft als wunderbarer Spender von Speis und Trank, die er noch bei Crestien und seinem ersten Fortsetzer ausschliesslich besitzt, kann der Gral gewiss der Artursage ursprünglich angehört haben, wenn es auch ein ausdrückliches Zeugnis darüber aus älterer Zeit nicht zu geben scheint. Eine volksthümlich rohe Vorstellung gibt Heinrich von dem Türlin bei dem zuerst von ihm geschilderten Gralbesuch (s. oben S. 30). Vielleicht nahm auch dies Element der Sage ursprünglich nicht die hervorragende Bedeutung in Anspruch, die in den späteren Fassungen ihm beigelegt wird. Diese bringen den Gral mit christlichen Legenden in Verbindung, aber auf verschiedene Weise.

Am weitesten verbreitet ist die Auffassung des Grals, wonach er beim Abendmahl Christi als Gefäss gedient, dann aber in ihm Joseph von Arimathia bei der Bestattung des Heilands dessen Blut aufgefangen haben soll. Diese Auffassung beherrscht die französischen Prosaromane und mehrere französische Gedichte, denen sich in England und in den

Niederlanden verschiedene Bearbeitungen anschlossen. Am frühsten erscheint sie in dem poetischen Roman von Joseph von Arimathia, welchen Robert de Boron um 1200 (s. Anz. zur Z. f. d. Altert. 23, S. 87) verfasst hat. Hier wird die Geschichte des Grals angelehnt an die apokryphischen Erzählungen von Veronica und Vespasian, an das Evangelium Nicodemi, an die Vindicta Salvatoris. Was zu diesen kirchlichen Ueberlieferungen hinzukommt, kann man nur dürftig und willkürlich erfunden oder nachgeahmt nennen. Joseph von Arimathia stiftet einen Dienst des Grals, in welchem das Blut Christi aufbewahrt wird; ein Schwager Josephs, Bron, fängt einen Fisch, der neben dem Gral verehrt wird; ein Unwürdiger, der den leerstehenden Platz des Judas einnehmen will, wird von der Erde verschlungen; ein Brief fällt vom Himmel, worauf Joseph nach den Thälern von Avaron zieht und dort auf den Sohn Aleins wartet.

Ich denke, abgesehen von bekannten Mustern der Legende (für den himmlischen Brief s in Wackernagels Litteraturgeschichte[2] § 78, 41) ist schon in dieser einfachsten Form der christlichen Gralsage der Einfluss der celtischen Ueberlieferung deutlich: Avaron ist Avalon, Alein und Bron sind celtische Namen, wenn letzterer dem öfter erscheinenden *Bran* gleich gesetzt werden darf. Auch für den gefährlichen Sitz könnte sehr gut *der Êren stein* vorgeschwebt haben, worüber Ulrichs Lancelot, eine gewiss auf rein celtischer Sage beruhende, wenigstens nicht christianisierte Quelle, V. 5178 berichtet: *von dem ist iu gesaget genuoc daz er den man niht vertruoc, an dem was valsch oder haz.*

Selbst der Gral als Abendmahlschüssel zeigt in der Undeutlichkeit der Vorstellung, die sich an ihn knüpft, das Unursprüngliche dieser Auffassung. Der Wein, der das Blut Christi darstellte, war doch nicht in einer Schüssel, sondern in einem Becher enthalten. Und wieder würde ein Becher sich weniger als eine Schüssel zum Auffangen des Blutes aus Christi Wunden geeignet haben. Ausdrücklich heisst es denn auch 907 ff.: *Cist veissians ou men sanc meis quant de men cors le requeillis Calices apelez sera,* wenn nämlich bei der Abendmahlfeier das Blut Christi als gegenwärtig gedacht wird. Dass das Gefäss selbst ein Becher ist, wird nirgends gesagt. Im mnl. Lancelot 36493 nö. heisst es zwar, der Gral sei *gemaket na eens keelkes wise,* aber doch auch 36541 *het es een vat daer god onse here dat lam uut at.* Vgl. ferner 3, 10501.

Nur der eine Punkt könnte dagegen in der Gralsage, wie sie Crestien und Wolfram darstellen, aus der christlichen Legende entlehnt zu sein scheinen: dass nämlich der Herr der Gralburg 'der Fischer' genannt wird. Das wird bei Crestien und Wolfram nicht genügend motiviert — es heisst, dass der Gralkönig sich mit Fischfang und Schifffahrt Erholung verschaffte, — während bei Robert de Boron doch wenigstens ein Fisch gefangen wird, der neben dem Gral Verehrung empfängt. Aber ist dies letztere eine wirklich befriedigende Auskunft und nicht eine recht äusserliche Anknüptung? Läge wirklich Bezug auf die christlich mystische Bedeutung des Fischsymbols zu Grunde, sollte sie da nicht bedeutsamer hervortreten? Auf jeden Fall reicht dieser eine Punkt, gegenüber so vielen entgegenstehenden Anzeigen, nicht hin, der Darstellung Roberts eine höhere Ursprünglichkeit nachzuweisen. Lieber wird man annehmen, dass die Bezeichnung des Gralherrn als Fischer in der celtischen Sage einen tieferen Grund hatte, der uns nur verloren gegangen ist.

Die Ansicht, dass die Grallegende von der celtischen Sage ausgegangen ist, nicht umgekehrt die Sage von der Legende, wird doch wol auch durch allgemeine Erwägungen empfohlen. Ist es nicht der allgemeine Entwicklungsgang der Sage des Mittelalters, dass der altheidnische nationale Glaube sich in christliche Legende umwandelt? Ueberträgt nicht die Poesie der Zaubersprüche die Rolle, welche Wodan bei Balders Fohlen spielt, auf Christus? Doch es genügt einem etwaigen Zweifel gegenüber auf J. Grimms Mythologie, S. XXXI ff. der Vorrede, zu verweisen. Und nun sollte gerade das zwölfte Jahrhundert, welches die religiöse Phantastik, insbesondere den Teufelsglauben, so wesentlich förderte, eine Legende ihres christlichen Charakters entkleidet und zu einem höfischen Unterhaltungsstoff umgewandelt haben?

Auch darin bezeugt sich die Unursprünglichkeit der Grallegende, dass sie der einheitlichen celtischen Sage gegenüber in verschiedenen Gestalten sich zeigt. Denn ich denke, nach den Erörterungen im ersten Abschnitt wird man von Wolfram nicht annehmen, dass er seine Begründung der Heiligkeit des Grals selbst erfunden habe. Lassen sich doch auch seine Angaben mit anderen, allerdings nicht ursprünglich christlichen, aber gewiss durch geistliche Gelehrsamkeit vermittelten Nachrichten in Verbindung bringen.

Wolfram gibt über die Gestalt des Grals keinerlei Auskunft; wol aber berichtet er von dem Material, aus dem er bestand — es sollte ein kostbarer Edelstein sein — sowie, wenn auch in ziemlich dunkler Weise, von seiner Herkunft. Zu diesem Steine auf die Erde herab mussten nach Parz. 471, 20 die Engel sich begeben, welche beim Streite Lucifers mit Gott parteilos geblieben waren; als sie begnadigt zum Himmel zurückkehren durften, ward seine Obhut christlichen Rittern übergeben nach 454, 24 ff. Dass der Stein selbst bei jenem Streit herabgefallen wäre, sagt Wolfram nicht ausdrücklich; doch würde aus einer solchen Ansicht der Name des Edelsteins 469, 7 sich leicht deuten lassen. Als überliefert erscheint der Ausdruck *lapsit exillis.* Daraus hat man *lapis erilis* machen wollen, 'der Stein des Herrn', was nicht einmal einen besonderen Sinn gibt; denn welche Beziehung hat der Gral Wolframs auf Gott oder Christus? Vielmehr steckt im ersten Worte *lapsi*, im zweiten vielleicht *ex celis,* wobei das *t* von *lapsit* auf eine Variante zu *ex,* nämlich *de* zurückgehen kann. Der Stein 'des vom Himmel gefallenen' würde auf Lucifer zu beziehen sein, den der jüngere Titurel ja ausdrücklich nennt.

Diese Heiligkeit des Steins hat man längst mit der Verehrung der Kaaba verglichen, von welcher die mohammedanische Sage nach Julius Braun, Gemälde der mohammedanischen Welt S. 5 (mit Berufung auf Burton, Pilgrimage) das Folgende erzählt. Im schwarzen Stein der Kaaba sei der Engel versteinert, welcher Adam beigegeben wurde, um seinen Fall zu verhüten, aber diese Pflicht nicht erfüllte; einst werde noch der Tempel der Kaaba in den Himmel zurückschweben. Liegt diese mohammedanische Tradition bei Wolfram zu Grunde, dann begreift man, wie nach Kyots

Angabe Flegetanis, ein aus heidnisch-jüdischer Ehe geborener Naturkundiger, über die Herkunft des Grals berichtet haben sollte. Man begreift ferner, wie Wolfram durch diese Tradition zu einer ketzerischen Ansicht kam, die er 798, 11 ff. widerrufen musste. Dass die Hüter des Grals nun zu Tempelrittern wurden, dass das Geschlecht der Anjou mit ihnen in Verbindung stehen sollte, das konnte ein französischer Dichter wenigstens ebenso gut wie Wolfram erfinden.

Geistliche Gelehrsamkeit zeigt sich nun auch in der Erzählung von der Verwundung des Anfortas. Wenigstens erinnert Wolframs Bericht lebhaft an die Schilderung, welche eine Predigt in Grieshabers 'Vaterländisches' S. 266 giebt: . . *di buch heizint pestem igwinariam. er bestunt di lute umbe di hegetruse* (Parz. 479, 12) *und an dem dunnen also der steche mit einem spere oder mit einem pfile und also schire so siz bestunt, so musten si sterben.* Anfortas leidet an dem 'Ungenannten' 240, 8, d. h. einer bösen Geschwulst, wie sie nach Wunden eintritt: vgl. ausser den Beispielen bei Lexer noch Anz. f. K. d. V. 1833, Sp. 135.

Die legendarische Gralsage bei Robert von Boron kennt den kranken Gralhüter und sein Erlösungsbedürfnis noch nicht. Die späteren Fassungen der Grallegende, welche zugleich in gelehrter Weise Gotfried von Monmouth verwerthen, nennen als Befreier nicht Perceval, sondern Galaad, den Sohn des Lancelot. Hierin liegt ein weiterer Fortschritt der Verkirchlichung. Perceval erscheint nicht mehr rein genug für seine Aufgabe; erst der jungfräuliche Galaad kann ihr genügen. Eine Zwischenstufe dieser Entwicklung ist, dass Gawein als Löser des Gralgeheimnisses genannt wird, wie bei Heinrich von dem Türlin.

Gawein ist dagegen bei Crestien und Wolfram zu einer anderen wunderbaren Lösung von einem geheimnisvollen Zwange bestimmt, welche ihm auch bei Heinrich, nur hier neben der Gralgewinnung zugetheilt ist. Er löst die Zauber von Schastelmarveil, die in ersichtlichem Gegensatze zum Grale stehen. Und hier ist nun die kirchliche Umwandlung der Sage fern geblieben; daher leuchtet die dem celtischen

Volksglauben angehörende Grundlage unter der ritterlichen Uebermalung um so deutlicher hervor.

Gawein besteht auf Schastelmarveil ungeheure Gefahren. Als er sich auf ein wunderbares Bett legt, treffen ihn Pfeilschüsse in ungezählter Menge; ein grimmiger Löwe springt auf ihn an, während der schlüpfrige Boden ihm den Widerstand doppelt schwer macht. Als er alle Angriffe überstanden hat, wird es still und er erfreut sich des Siegs, der gewonnenen Herrlichkeit. Ich kann nicht umhin, damit die Schwierigkeiten zu vergleichen, welche nach celtischen Legenden der Eintritt in die Unterwelt mit sich bringt. In Irland zeigte man eine Höhle, das sogenannte Fegefeuer des h. Patrick, in welches eintretend man schauerliche Orte durchwandern musste, bis man endlich zum Paradiese durchdrang. Besonders ausführlich wird ein Besuch dieser Höhle durch den Ritter Hoenus 1153 erzählt. Hier wird namentlich eine schmale Eisenbrücke über einen furchtbaren Strom überschritten, welche ebenfalls in der ritterlichen Sage, diesmal aber in Lancelots Schwertbrücke wiederzufinden ist. Verwandt mit diesen Schilderungen sind die Visionen des Tundalus, die ebenfalls seit der Mitte des 12. Jahrhunderts sich über ganz Europa verbreiteten; sowie, als die ältesten von allen, und schon von Beda erzählt, die des Furseus (Wright, Reliq. Antiq. 276). Selbst die Fahrten Brandans bieten ähnliche Vorstellungen von Orten des Schreckens und der Freude dar.

In diesen Legenden pflanzt sich offenbar das lebhafte Interesse für die Zukunft nach dem Tode fort, welches Cäsar b. G. 6, 14 als besondere Eigenthümlichkeit der Gallier erwähnt; nur dass es im Mittelalter zum Theil christlichen Gedanken dienstbar geworden ist, während jene Volkssagen, die in die ritterliche Poesie übergingen, allein die äusseren Züge der nationalen Vorstellungen festhielten.

Aber auch geographische Verhältnisse haben zur Gestaltung dieser Bilder wesentlich beigetragen: liegen doch im Brandan die Vulkane Islands, das Eismeer u. a. deutlich zu Grunde. Ebenso ist für die übrigen celtischen Legenden und Volkssagen die Heimat der celtischen Stämme in Betracht zu ziehen: die von Wolken umdüsterten Gipfel der Berge, die nebelbedeckten Moore, die Klüfte und Wasserfälle in Wales, endlich der Ocean, der in die Klippen der Küste hereinbraust. Giraldus (bei Camden 840, 47 ff.) berichtet von der Insel Barri an der Mündung des Severn, wo aus einer Erdspalte ein dröhnender Schall hervordringe wie aus einer Schmiedewerkstätte: musste das nicht eine lebhafte Phantasie wie ein Ton der Unterwelt gemahnen?

Noch in einem anderen Punkte zeigt sich die mythische Grundlage der Sage von Schastelmarveil, in dem nämlich, was über seine Bewohner erzählt wird. Gawein findet hier nach Wolframs Erzählung vier Königinnen: die Mutter des Artur, dessen Schwester, die zugleich seine eigene Mutter ist, und seine Schwester; die vierte wird nicht näher mit ihm in Verbindung gesetzt und sie fehlt auch bei Crestien und Heinrich. Wir werden die Verwunderung Gaweins über diese Begegnung vollkommen theilen, es aber auch vollkommen begreifen, dass man, nachdem die Freude des Wiedersehens vorüber ist, mit den zurückgewonnenen Frauen nichts rechtes anzufangen weiss. Denn dass bei Wolfram die Mutter Gawans an den Turkoiten Florant von Itolac, den treuen Kämpfer der Orgeluse, vermählt wird, 730, 6, ist nur eine neue Sonderbarkeit. Wir werden um so weniger daran zweifeln, dass wir mit Schastelmarveil das Totenreich betreten haben, als nach Crestien 9388 auch der Gewinner der Burg, Gawein, sie nicht mehr verlassen soll.

Wie die Frauen auf Schloss Marfeil gekommen sind, darüber gehen die Nachrichten der Dichter auseinander. Crestien 8890 ff. lässt die alte Königin mit Tochter und Enkelin ihre Schätze auf die Burg bringen und durch einen zauberkundigen Gelehrten *(uns sages clers d'astronomie* 8910) diese so einrichten, dass kein feiger Ritter hineinzudringen oder dort zu bleiben vermöchte. Bei Wolfram heisst dieser Zauberer Klinschor und ist mit der Virgiliussage in Verbindung gebracht: sein Name dürfte mit französisch *clenche*, deutsch 'Klinke' zusammenhängen und den 'Verschliesser' bedeuten. Hier schon geht Wolfram über das was Crestien bot hinaus und insofern, als er den Zauberer nicht als Diener, sondern als Entführer der Königinnen auffasst, in Uebereinstimmung mit Heinrich von dem Türlin und, wie wir gleich sehen werden, mit der Sage: ein neuer Beweis dafür, dass Crestien nicht allein Wolframs Quelle war. Wolfram spielt auch hier auf eine genauere Kenntnis von den Vorgängen an, die er voraussetzt, aber nicht ausführt. 66, 1 ff. heisst es von der Mutter des Artur: *ein phaffe der wol zouber las mit dem diu frouwe ist hin gewant: dem ist Artûs nâch gerant.* Ausführlicher berichtet hierüber Heinrich von dem Türlin, der zu verschiedenen Malen auf den Gegenstand zurückkommt: 8306 ff.. 13035 ff., 13180 ff., 13570 ff., 20380 ff. Der Zauberer heisst *Gansguoter,* wobei *sg* dem sonstigen Gebrauch Heinrichs gemäss (vgl. *Sgoidamur* u. a.) = *sch* zu fassen ist, und vermuthlich im zweiten Teil Uter der Name von Arturs Vater steckt. Seine Zauberburg wird *Salîe* genannt, sein Land *Madarp* 22249. 22250 (dagegen ist M. ein *castel* 27213).

Diese Entführung der Mutter Arturs erinnert an die Geschichte von der ehebrecherischen Zeugung dieses Königs, welche Gotfried von Monmouth 8, 19 erzählt; nur dass es hier Uther selbst ist, der mit Hilfe Merlins die Gestalt des Herzogs Garlois von Cornubia annimmt und so dessen Gemahlin Igerna in Tintagol berückt. Dass unsere deutschen Dichter etwa Gotfrieds Bericht benutzt und nur variirt hätten, daran ist nicht zu denken. Ihre Darstellung stellt sich neben die Gotfrieds als eine Version, die in der Volkssage schon sich ausgebildet haben muss.

Darauf lassen auch die seltsamen, aber echt sagenmässigen Umstände schliessen, unter denen nach der Krone 13183 ff. Gansguoter die Königin gewann: *die er mit videlenne erwarp, dô Uterpendragûn starp.* Das erinnert an Gotfrieds Tristan 13108 ff., wo König Marke einem Baron aus Irland, Gandin, der sich als Spielmann verkleidet hat, zum Lohn für sein Spiel die eigene Gemahlin hingeben muss, worauf Tristan mit der Harfe zurück gewinnt, was durch die Rotte verloren ging. Was hier als fast scherzhaftes Motiv in die Erzählung eingeflochten erscheint, hat in der Sage von Arturs Mutter den Anschein tieferer Bedeutung, mythischer

Begründung. Wir erinnern uns an Freyjas Treulosigkeiten nach der nordischen Sage, die freilich späterer und von celtischer Ueberlieferung her beeinflusster Auswuchs sein können.

Solche Treulosigkeit erfährt Artur nicht nur an seiner Mutter, sondern auch an seiner Gemahlin. Nur eine Variation des obenerwähnten Motivs aus der Tristansage ist es, wenn Artur sein Weib in Folge thörichter Versprechungen an einen fremden Ritter hingeben muss: Hartmanns Iwein 4530 ff. u. ö. Aber eine für sein ganzes Schicksal entscheidende Unthat ist das ehebrecherische Verhältnis, welches nach Gotfried von Monmouth 10, 13 Ganhumara mit dem Neffen Arturs, Mordred eingeht. Von Mordred empfängt Artur in der rächenden Schlacht jene unheilbare Wunde, an der er fortan dahin siecht. Die Uebereinstimmung dieser Sage von der Hintergehung des Königs durch Weib und Neffen mit der von Tristan und Isold ist längst bemerkt worden. Gesteht man für Tristan mythische Bedeutsamkeit zu, so kann man sie auch Artur nicht versagen.

Isold und Ginevra, die beide den heftigsten Kampf der sinnlichen Liebesleidenschaft gegen das sittliche Gebot der Treue erwecken und selbst erfahren, vertreten einen Grundzug der celtischen Sage, welcher zu jener Vorliebe für die düsteren Bilder des Todes in einem nur scheinbaren Gegensatze steht: in beiden Richtungen schweift die lebhafte Phantasie aus, die wir noch jetzt als Erbtheil des celtischen Stammes kennen.

Und es fehlt auch nicht an Scenen, in welchen sich der ganze Reiz jener sinnlichen Vorstellungen auf unschuldigere Weise kund gibt.

Gawein trifft Orgeluse an einer Quelle unter einem Baum. Entschlossen ihrer Liebe zu folgen, holt er ihr Pferd aus einem Garten, trotz der dringenden Abmahnungen von Leuten, die er dort tanzend findet. Deutlich ist es ein elbisches Reich, zu dem auch die Nymphe des Brunnens gehört. Orgeluse ist eine der *puceles as puis*, von denen die zu Crestiens Perceval hinzugefügte Einleitung so manches erzählt.

Gerade solche Liebschaften der Menschen mit elbischen Wesen gehören zu den Lieblingsgegenständen der celtischen Sagen, wie sie durch die Irischen Elfenmärchen der Brüder Grimm leicht zugänglich sind. Aus ihnen werden diese Stoffe übergegangen sein in die Färöischen Zwergenlieder und die Isländischen Volkssagen. Der heroischen Art der deutschen Sage entspricht Tanz und Spiel der Unterirdischen keineswegs. Die weisen Frauen der germanischen Sage erscheinen spinnend, für welche Thätigkeit überdies das Walkürenlied der Njalssage und bei Saxo Grammaticus eine grausenhafte Deutung gibt. Auch badend werden sie von den Helden angetroffen: dies steht aber in klarem Bezug auf die Schwanenverwandlung. Am meisten germanisch ist die Erscheinung der göttlichen Frauen im Panzer, als Walküren den Kampf lenkend, die Helden fällend.

Noch andere milde, kindlich märchenhafte Züge treten in den Erzählungen von Parzival hervor, die in unseren späteren Volksmärchen sich wiederfinden, aber ursprünglich der celtischen Sage angehört haben werden: so die Blutstropfen im Schnee, welche Parzival an die Farben seiner Geliebten erinnern; die Jungfrau, die nicht lachen will.

Solchen Inhalt mögen die Lieder gehabt haben, mit denen in Wales der am Morgen gekommene Gast bis zum Abend von den Mädchen des Hauses bei Citherspiel unterhalten wurde, nach Giraldus bei Camden 888, 27 ff. Als Lais an den Höfen Englands und Frankreichs vorgetragen oder ihrem Inhalte nach mit zahllosen Varianten in Prosa erzählt, boten sie den französischen Dichtern des 12. Jahrhunderts die fruchtbarsten Stoffe und Motive. Endlich in grosse Massen zusammengefasst, gingen sie durch Crestien und dessen Nachfolger in die Kunstepik über und vermögen in der gedankenvollen Behandlung, welche Dichter wie Wolfram ihnen angedeihen liessen, auch unser Interesse zu wecken und zu fesseln.

Inhaltsübersicht.

FSC
www.fsc.org
MIX
Papier | Fördert
gute Waldnutzung
FSC® C083411

Kolibri 360 GmbH
Ferdinand-Jühlke-Straße 7
99095 Erfurt, Deutschland
produktsicherheit@kolibri360.de